你不努力
谁能给你
想要的
幸福

花山文艺出版社

图书在版编目（CIP）数据

你不努力，谁能给你想要的幸福/一岸秋著. —石家庄：
花山文艺出版社，2018.7（2024.1重印）
ISBN 978-7-5511-3932-8

Ⅰ.①你… Ⅱ.①一… Ⅲ.①女性－成功心理－通俗
Ⅳ. ①B848.4-49

中国版本图书馆CIP数据核字(2018)第080223号

书　　名：**你不努力，谁能给你想要的幸福**
著　　者：**一岸秋**

责任编辑：梁东方
责任校对：李　伟
封面设计：李四月
美术编辑：王爱芹
出版发行：花山文艺出版社（邮政编码：050061）
　　　　　（河北省石家庄市友谊北大街330号）

销售热线：0311-88643299/96/17
印　　刷：三河市天润建兴印务有限公司
经　　销：新华书店
开　　本：880毫米×1230毫米　1/32
印　　张：7.5
字　　数：200千字
版　　次：2018年7月第1版
　　　　　2024年1月第2次印刷
书　　号：ISBN 978-7-5511-3932-8
定　　价：49.80元

序言：好姑娘，你一定会幸福

以前，在一个村庄里，有三个姑娘是好朋友，她们不小心犯了错，村主任命令她们一年内不得出门，但是她们每人可以提出一个要求，村主任会无条件答应。

第一个姑娘想，如果每天有好吃的，即使不能出门，我也可以用美食打发时间，一年时间应该很快能过去。于是她说，每天给我准备一些好吃的就行。

第二个姑娘想，如果有一堆漂亮的衣服，我每天把自己打扮得漂漂亮亮，这样的话，一年的日子也不会难熬。于是她说，给我准备一些漂亮的衣服。

第三个姑娘想，如果有书，我就不会寂寞，既不浪费时间，又让自己增长知识，这应该是最好的主意。于是她说，给我准备一些书吧。

村主任答应了各自的要求，日子匆匆，转眼一年时间过去了。到了解除禁令的日子，三个姑娘相继走出家门。

第一个姑娘出来时，她父母左边一个右边一个扶着她，因为这一年里，她吃吃睡睡，已经胖得不成人样，连走路都困难了。

第二个姑娘出来时，穿着漂亮的衣服，抬头看看蓝天，神态倦怠，皱皱眉，伸伸腰，转身又回到了家里。

第三个姑娘出来时，笑容满面，奔向村口，伸开双手，闭上眼睛，深深地吸口气，大声喊："世界多么美好！"

三个姑娘，因为一年前不同的选择，一年后有了截然不同的结果。昨天的选择决定今天的生活，今天的选择决定明天的生活。什么样的心态决定什么样的选择，什么样的选择决定什么样的生活，什么样的生活成就什么样的自己。

幸福是什么？不同的人有不同的回答。饥者说，幸福是一碗粥；寒者说，幸福是一件棉衣；盲人说，幸福是能见到光明；残者说，幸福是能走路；病者说，幸福是能见到明天的太阳。幸福没有定义，幸福就在我们心里，能够善待岁月，做好自己的姑娘，幸福就会在不远处等着你。

你的朋友：一岸秋

2017 年 10 月 27 日

目录

第一章
爱自己，幸福才会来敲门

第二章

独一无二的自己，独一无二的幸福

第三章

微笑着前进，去遇见想要的幸福

第四章

强大自己，拥抱幸福

第五章

识别渣男，把握住人生的幸福

第一章

爱自己，幸福才会来敲门

不管前途如何凶险，始终都要微笑面对，昨天已经过去，未来并不渺茫，只要坚持努力，人生处处都是惊喜。过好当下，珍爱自己，幸福一定会来敲门。

👑 1. 趁着单身提升自己，拒绝平庸

那天在银行碰到踏歌时，她坐在大厅里，正低头看书，身旁放着一沓资料，她是我以前的同事，两年前辞职去了另一家单位。看着柜台前排着长长的队伍，我取了号走到她身边坐下来。

我上下打量她一番后说："踏歌，这么勤奋，看你神色、衣着，混得不错啊。"

她听到有人和她说话，抬头看看，见是我，笑着说："嗨，岸秋，好久不见。"

我说："远远看见你，虽然低着头，却看到你浑身发光，说说，是什么让你自带光芒？"

她听我如此说，抿嘴笑笑，说："勤奋和努力，让人自带光芒。我去新单位后，总是利用空余时间给自己充电，除了专业知识，还看一些管理知识，总觉得多学点东西是不会错的，何况现在单身，有较多的时间可以自由支配。我应该是那种运气比较好的人吧，到哪里都有人帮助我、提携我，几个月前，我们单位的财务经理回老

家了，他觉得我不错，就推荐我接替了他的工作。"

我睁大眼睛说："原来做了财务经理，不错，不错。不过话说回来，凭着你的勤奋好学，做什么都能成功。"

她说："哪里，哪里，是我运气好罢了。"

每个成功的人，总说自己是因为运气好，每个失败的人，却总抱怨自己运气不够好，其实一个人能否成功，并不是靠运气，一个勤奋努力的人，什么时候都能改变自己的命运。鲁迅曾说："其实地上本没有路，走的人多了，也便成了路。"

脚在身上，路在脚下，想要走什么样的路，完全由自己决定。选择爬山的人，是做好了吃苦的准备，知道只有历尽艰辛，才能"一览众山小"；选择走平路的人，是不肯让自己吃苦，可是却永远失去了"会当凌绝顶"的豪迈。

想起当年踏歌来我们单位时，只有大专学历的她，是以文员的身份配给财务科的，平时就帮大家输输账，整理整理资料，所干的活没有什么专业性。可是她很勤快，看到一些杂事，就主动去做，同事叫她帮忙，她都笑着答应，愉快地完成。

不但勤快，嘴也甜，在这个差不多用"阿姨"称呼概括全部女性的时代，比她大的，她只是叫姐。处于更年期的女性，在不甘青春流逝的焦躁中，却不得不接受年近中年的事实，那时我们单位的主办会计年近五十，在一大群年轻人"阿姨、阿姨"的称呼中，心理上不能接受可是无法反驳的应答，听到踏歌叫她"大姐"时，感觉如沐春风，好像这个称呼让她一下子年轻了许多。

就一个简单的称呼，无形中拉近了踏歌和她的距离。踏歌又是那种冰雪聪明的姑娘，知道大姐喜欢她，在做好自己的工作之余，有着理论知识却没有实践经验的她，就常常向她请教一些专业知识。

自己愿意学，又加上有人指点，她的财务实战经验取得了实质性的进步。因为主办会计在单位工作多年，资历老，当她的助理会计跳槽去另一家单位时，她从领导那里点名要踏歌。

踏歌是那种懂得感恩的人，她见大姐对她好，就主动多要了一些活，那主办会计将近退休，不怕被人抢了饭碗，乐得轻松，就把大部分活给了踏歌，虽然辛苦，可是踏歌却做得开心。

那时我们看主办会计把大部分活给了踏歌，为踏歌抱不平，踏歌却笑嘻嘻地说："现在年轻、单身，时间自由，吃得了苦，多做点多积累经验，对以后有好处，多学点本事，提升自己，以后有条件匹配优秀的男生，对自己百利无一害的事，干吗不做呢。"

是的，一个人只有提升自己后，才能走上更高的平台，走上更高的平台，才能遇见更优秀的人。

两年后，踏歌意外辞职去了另一家公司，那时我们都为她的辞职感到不解，因为大家都认为，只要主办会计退休了，不出意外的话，她就是单位的主办会计，对只有大专文凭的她来说，能在有一千多员工的单位做到主办会计，应该已经不错了，年薪也在十万左右。

趁着今天的不期而遇，我提出当年的疑问："踏歌，你当初做得好好的，为什么辞职？那大姐对你的辞职一直耿耿于怀，一直唠叨到退休为止呢。"

她笑笑，不说。可是从她笑容里我看到一丝狡黠，为了得到想要的答案，我说："我也没在那单位待了，你就说吧，给姐解解惑。"

她说："其实也没什么，可是主办会计不是我的人生最高目标，你也知道，那单位的财务经理是老板的亲戚，挂着职，不用干活，是不太可能会离开公司的，因为他离开那里，无法找到更好的岗位，得到更高的工资，所以他是不会走的，对其他人来说，再优秀也不可能接替他的位置。"

我着实被她的话惊住了，没想到这小丫头片子看得这么远，我不得不佩服地说："野心加上努力，所向无敌啊。"

她纠正我的话，说："不是野心，就像我以前说的那样，一个人应该趁单身时提升自己，让自己拥有足够的实力，当自身上了一个台阶时，你遇见的人也不一样了，这时你看事情的眼光远了，做事情的胸怀也开阔了。"

被踏歌的一番话折服时，我想起后来接替踏歌进来的小潘。小潘是财经大学毕业的本科生，等她熟悉一下业务后，是准备让她接替大姐的位置的。刚来时，也让她输输账，整理整理资料，可是她却显得不上心，好像做这些活，对不起自己这个本科生。那大姐见她这样，就常在她面前唠叨踏歌的好，人最怕是比较，小潘听了当然是不高兴，她就说："一个单身女孩，为什么要这么勤奋，那是因为她自身条件不够好。女人只要能养活自己就行，像我有学历有相貌，到时找个事业有成的老公，比她奋斗几年都强。"

我们提醒她，看重外貌的男人大都不靠谱，因为谁都留不住青春，容颜是最经不起考验的东西，只有学到的东西，才是一辈子属于自己的。

她说："拼命努力，如果一定能达到目标，倒也心甘情愿，许多时候虽然努力了，却不一定能达到目标。"

确实，努力不一定能成功，可是不努力一定不会成功。一个姑娘，把未来寄托在另一个人身上，实在是一种危险的行为。就像一个不会游泳的人，以为穿着救生衣就万事大吉，万一救生衣破了呢，那你怎么办？

平庸的人总能找到平庸的借口，成功的人却在不断寻找成功的机会，一个女孩单身时，是提升自己的最佳机会，不要以单身为理由，只有从心里拒绝平庸的人，才能有不平庸的选择，走不平庸的路，看不平常的风景。

♛ 2. 爱自己，别人才会更爱你

　　周末，闺蜜浅笑耳一早打来电话，让我过去，说给我惊喜。一番洗漱后，便出了门。到她家门口，大门已经敞开，主人热烈欢迎。一脚踏进门槛，墙角水池里盛开的莲花，映入眼帘，粉红的花朵在清晨的阳光里，像孩子的笑脸，花下的叶子，就像翠绿的裙子。

　　果然是惊喜。

　　"来得好快，刚好吃早餐，过来吧。"浅笑耳正把早饭端到走廊上的桌上，看见我，愉快地和我打招呼。奔过去，桌上两份早餐，每人一碗黑米粥、一个水煮蛋、一个玉米棒子、两个南瓜饼、五颗红枣。"越来越懂得享受了。"我忍不住夸奖。

　　"美好的一天由丰富的早餐开始。"听着我的夸奖，浅笑耳一点都没有表示要谦虚的样子，"你知道，我是个喜欢做饭、洗衣、理家的女人，不管工作多忙、心情多糟，我都会做好这三件事。一个人要懂得照顾自己，养好自己的胃，才有力气去过自己想要的生活；衣服，是一个人的面子，也是一个人的品位，我喜欢用手洗，洗时轻揉，晒时抹平，就像对待自己的婴儿，你对它温柔，它就给你妥帖舒适，心情由此美美的；理家，家就干干净净，原本冷漠的钢筋水泥，就有了热度，给你温暖的拥抱，你就对它产生依恋和信赖。一个内心充盈的人，不会孤独，最好的安全感来自自身。即使有一天，一些曾经在你生命中停留过的人和你说再见，你也不会长久地沉浸在悲伤中。"

我说："对，万事万物都是相辅相成的。一个懂得爱自己的人，总能有条理地处理好身边的事，给人自信乐观的感觉，一个能处理好周边事情的人，往往又容易被人信任。这房子被你收拾得干干净净，又种了这么多有生机的植物，古朴中透出新意，可惜是租来的。"

浅笑耳用筷子指指我的脑门说："别这么俗气。房子虽然是租来的，日子却是自己的，我不能因为这房子是租的，就将就着过日子，每一个今天是我们生命中最年轻的一天，你将就了今天，就辜负了今天；你将就了一段日子，就辜负了一段日子，生命是由一个个今天组成的，我们不能将就着生活，所以就不能将就着过每一天。在我拥有的日子里，它们给过我快乐，这就够了。"

对，每一个今天都是生命中最年轻的一天，日子不是用来将就的，我们对每一个今天都要用最热忱的态度去对待。我们常为自己的懒惰找借口，总觉得属于我们的生命很长，时间很多，错过今天，有很多个明天。其实时间是把无声的锉刀，一刀刀锉去年华，锉去青春，等回首时，才发现大把的美好时光流逝了，于是在哀叹中又把最美的时光流逝。只有善待每一天，快乐每一天，生命才显得更有意义。

这让我想起我的一个表妹，前段时间又失业了，她打电话给我，让我去看她，到她家时已是上午十点，我敲了半天门，她才蓬松着头发出来开门，开完门又一头钻进被窝。

一进屋子，一股难闻的气味扑鼻而来，地面上污迹斑斑，餐桌上放着吃剩的方便面，厨房的灶上蒙着一层灰尘，看来很久没有烧过饭了，阳台上的花草奄奄一息。

走进卧室，凳子上、桌子上到处丢着衣服，地上横放着袜子和鞋子，让你无法相信这是一个姑娘的房间，以为错进了农民工临时住的工棚。

我皱着眉问她："又失业了，为什么？"钻在被窝里的她，一声不响。我接着说："既然不说，那我走了，以后别再给我打电话。"

一听我要走，她终于把头伸了出来，懒懒地坐起来，靠在床背上，用手捋捋一头乱发，说："单位的人欺负我。""怎么欺负你？"我说，"为什么你到每个地方去上班，总是有人欺负你？"她低着头说："我怎么知道人家为什么要欺负我。"

我说："连人家为什么欺负你都不知道，说明你有多失败。我常常对你说，一个人尊重别人就是尊重自己，你连自己都不知道爱自己，怎么让别人来喜欢你。你看你的衣服，哪件不是皱巴巴脏兮兮的，你没有多余的钱买衣服，至少要让身上的衣服干净整洁，这是对别人的基本礼貌；和同事一起去消费，不要老是让别人付钱，消费不起就不要去；你拿单位半刀卫生纸回家，值不了多少钱，却因小失大，被人背后耻笑；我多次对你说，不要向同事借钱，一个女孩，连自己都养活不了，你不觉得丢人吗？"

她两手捏着被单，不吭声。乌鸦不改它的声音，它到哪里都一样被人讨厌；一个人不改变自己，就一辈子过同样的日子。昨天的生活态度决定今天的生活状况，今天的生活态度决定明天的生活状况。一个人老是看到别人身上有刺，那是因为她的眼睛长了刺；一个人老说被别人欺负，那是因为她没有看到自身的缺点。在同样事情上反复摔跤的人，只能不断抱怨别人，却总是找不到自身的缺点。

她终于抬眼望向我，可怜兮兮地说："表姐，那你说我该怎么办？"

她是我表妹，我当然知道她身上的毛病，我找来一张纸，罗列了她一系列的缺点，然后对她说："一个人要懂得爱自己，别人才会来爱你。一个爱自己的人，她懂得管理好自己的衣食住行。衣，就是穿着优雅得体，符合自己的个性特征；食，就是吃健康食品，养好自己的胃；住，就是让自己的住处整洁亮丽，变成温暖的港湾；行，就是言行举止不卑不亢，不谄不媚，有独立的工作能力。一个人只有通过自身的改变，摒弃生活中的不良行为，建立良好的生活习惯，才能让自己变得更好。如果你真心想改，姐对你说，找工作并不是你眼前最要紧的事，最要紧的事是改变自身，给自己订个作息时间，按作息时间有规律地生活；把房间整理干净，保持清洁；清理你的衣柜，丢掉不要的衣服；再把剩下的时间，用来阅读。姐给你一个月时间，如果这个月你做到了，姐帮你介绍工作，做不到以后就别再给我打电话。"

撂下这句话，我就走了。一个人对自己不残酷，就没有权利抱怨社会对她的残酷；一个人不自救，就不值得任何人的帮助。细节决定成败。一个懂得爱自己的人，她会用心去做每件事，会认真对待每个人，会乐观积极地面对每一天；一个不懂爱自己的人，常常连自己错在哪里都不知道，总觉得天下人都负了她。

想成为什么样的人，决定权在自己手中，想要过什么样的生活，同样由自己决定。一个做不好自己的人，觉得世界处处与她为敌；一个懂得爱自己的人，是把每一天都当成末日一样来拼劲努力的。

3. 好姑娘，要为自己而活

那天在朋友的服装店里，进来两个女人，一个长头发，一个短头发。两个女人各自在衣架上挑选了一会儿，长头发拿了几件到试衣间试穿，短头发左挑右挑才挑出两件，也到另一个试衣间试穿。

两个女人都是瓜子脸，皮肤白皙，身材修长，只是长头发的脸色白里透红，头发有光泽，短头发的脸色白得憔悴，头发干枯。几件衣服穿在她们身上，都很合适，长头发的试穿完毕，挑了三件让朋友包起来，短头发的拿着两件衣服，还左看右看，犹豫不决。

长头发的看着短头发的说："不错，两件都买了吧。"

短头发的看看朋友，又看看手中的两件衣服，她朋友看到她犹豫不决的样子，一把拿过衣服说："你舍不得买，我买给你，捏着钱不用，不知道你是怎么想的。记得我们单身时，你比我还会买，怎么一嫁人，就对自己这么吝啬。"

"一嫁人不比单身时，现在用钱的地方多，那时一人吃饱全家不饿，现在有孩子、有老公。"短头发的说。

"没良心的东西，你父母不是你家人啊，那时怎么不见你为父母买这买那，现在却只知道给老公孩子买，不要说我们已经成家，已经年近三十岁，对女人来说，到四十岁、五十岁，还是一样要打扮，不为别人，只为自己。"

　　看来长头发的是心直口快的人，在外人面前也不知道为朋友掩饰。我已经看出她朋友的窘态，就笑着对长头发的说："你也不要说你的朋友了，每个人经济情况不同，家庭情况不同，肯定会有不同的做法。"

　　长头发的一听我这样说，干脆走到我面前对我说："你说说，我闺蜜家其实挺有钱，我怎么都想不通，她为什么总是不肯给自己买几件新衣服，平时逛街，就知道给老公和孩子买，好吃的也留给他们，如果经济不好，那倒情有可原，问题是她家条件挺好。"

　　我听她这样说，就问短头发的女人："是你朋友说的那样吗？"她不好意思地点点头，不过能看出来，她是一个好脾气的女人，不然一般女人遇到朋友在别人面前这样说自己，早已翻脸了。

　　我再问她："你朋友在外人面前这样说你，你不介意吗？"

　　短头发的说："还好，我知道她是为我好，是我不争气。"

　　长头发听她这样说，连忙接口说："我是恨铁不成钢，看到她就来气。今天，难得她打电话叫我一起逛街，说是想为自己买几件衣服，一听我还为她高兴，以为她总算开窍了，谁知一到街上，她还是往男装店和童装店钻，我硬拉着不让她进，到了这里，找了两件合适的，又犹豫不决了。"

　　我转头问短头发女人，为什么经济挺好，却舍不得给自己买衣服。

她说:"我没有上班,在家里做全职妈妈,平时也不太出门,穿了新衣服反正也没人看,老公常常在外谈生意,穿得太差有失面子,孩子在幼儿园,大家都穿得挺好,为了不让别人瞧不起,就给他买点好的。"

听了她的话,我大跌眼镜,一个女人,觉得老公、孩子在外都要面子,自己在家却不要面子,其实你就是老公、孩子的面子啊,老公穿得再得体,如果旁边的太太太寒酸,谁还会觉得这个男人高贵?如果妈妈把孩子送到幼儿园,孩子穿得体体面面,妈妈却随随便便,别人会以为你装。

我真没想到,女人还能活得如此。一家三口,男主外,女主内,在中国也算是正常搭配,做全职妈妈的女人很多,可是要做好全职妈妈却比做好职业女性更难,她没有理由忽略自己的存在。一个人如果连自己都疏忽了,想要得到别人的重视,根本不可能,一个人只有摆正自己的位置,让人看到你付出的同时,还要理直气壮地享受自己的权益。

短头发说:"我觉得生活如履薄冰,怕有一天万一没钱了,那怎么办?现在省着点用,万一出了事,也能应个急。"

长头发说:"我承认钱的用处很大,每个人是需要一定的存款,用来应急,可是捏着钱不放,天天提心吊胆想着意外,过日子还有意思吗?意外要来时还是要来,你没有办法阻拦,让应该快乐的今天,却为明天可能存在的意外埋单,日子就天天过得黯淡无光。"

看着两个完全不同的女人,我笑着说:"每个人的想法不同,活法就不同,结果就不同,生活往往是这样,你越担心什么,就越来什么,你越想要什么,就越难得到什么。虽然'人无远虑,必有近忧'，可是一个人总是患得患失，就失去了生活的意义。"

这让我想起两个吃葡萄的人，葡萄园里的主人给两个路人每人一串葡萄，一个人从最好的一颗开始吃，他每次吃的葡萄都是一串里最好的，他开开心心地把葡萄吃完了；另一个却从最差的一颗开始吃，每次吃的都是一串葡萄里最差的一颗，他想着每次吃的葡萄都是最差的，心里很难过。同样的事情，在乐观的人的眼里看到快乐，在悲观的人的眼里看到悲哀。

短头发女人用手指指长头发的女人对我说："我就是想不通，我这样不都是为了这个家吗？我老公却常常对我说，让我向她多学学，总叫我平时多出去走走，找朋友喝喝茶、聊聊天，可是我却习惯了在家里待着。"

长头发女人听了笑着说："告诉你，我老公看我活得这么精神，贼担心我，不像你，却每天担心你老公。告诉你，你舍不得花钱，就有其他女人来花你家的钱，你不折腾，就会有其他女人找你来折腾，这社会，你不放手做自己，小心被人放狗咬。"

短头发女人听了朋友的话，想了想，狠狠心，终于把两件衣服都买了，看着两人的背影在转角处消失，我和朋友一起摇摇头，相对无言。

任何一个女人，都应该对自己好一点，许多女人总觉得自己多牺牲一点，对家庭多付出一些，就会得到男人更多的爱，其实，男人对女人付出越多，越在乎。而懂生活的女人永远自信快乐，她们有自我调解能力，懂得在生活和工作之间协调，懂得在家中找到自己的位置。女人永远要有自己的空间，无论何时何地，都要为自己而活，留给自己的，不能只是雀斑和皱纹，而是要快乐和自信。

4. 可以不漂亮，但要有气质

　　本地论坛的一个摄影板块，有个叫陌桑的坛友，坚持几年一直在更新自己的摄影帖子，她拍摄的图片大多是一朵花、一片叶子、一丛青苔或一丝涟漪，再在图片下方配上简短的文字，画面就显得生动起来。一些懂得摄影的人，说她的照片只是小资，没有技术可言，可是对于一直向往小资生活的女人来说，她的照片就像梦想的窗户，透过这扇窗，可以照射到自己的内心。

　　通过灵动的文字和小资的图片，总让人遐想她是一位气质出众、容貌姣好的女子，给人一种想见庐山真面目的欲望。一位朋友认识她，无意间与我聊起她，说她开着一家淘宝店，专卖自己设计的棉麻类服饰，平时喜欢旅游和摄影。

　　朋友还说，她原本有一个富二代的男友，男友家有自己的企业，希望她结婚后能在家相夫教子。可是习惯了自由自在的她，不愿被人约束，深爱她的男友最终选择退让，可是她认为，既然对方提出了要求，虽然现在同意了她的生活方式，但是说不定结婚后再提起这个问题，到时如果双方意见不一，很可能成为吵架的导火线，于是她坚决和男友分了手。

一个喜欢旅游、摄影和自己设计服装的女人，应该具有独特的思想，不落世俗的生活方式。爱情和金钱虽然是她们向往的，可是她们更知道自己要什么，始终明确自己的生活目标，没有东西能够束缚她们向往自由和独立的灵魂。

听朋友这样说，原本就想见见她的我，更有了想见的冲动。一天，朋友联系了她，她让我们直接去她工作室。我们过去时，她正好坐在茶几前看书，我看到是木心写的《云雀叫了一整天》，记得里面有句诗"岁月不饶人，我亦未曾饶过岁月"。世上万物都是相互的，岁月苍老了我们的容颜，我们渐渐懂得岁月的内涵；我们善待岁月，岁月就回馈给我们从容；我们善待自己，日子就安静祥和。

工作室里，一部古老的唱片机流泻出高山流水般的琴声，有种让人处于小山村的静谧。朝北的一整面墙，成了巨大的书架，我用眼睛快速浏览，除了小部分是关于服装和花卉的书，大部分是文学书。地上和木架上，随意摆放着花花草草，有枯萎的，有鲜活的，有明媚的，有消沉的。窗棂上，一株攀缘的牵牛花，一朵蓝色的小花，正无声地吹着喇叭似的开放。

彼时，她已经泡好茶，朋友叫我过去。坐定后，趁她泡茶的瞬间，我细细打量她，说实话，可能是她的图片和文字给了我太多关于美好的想象，看到真切的她，发现她长得并不好看，眼睛有点小，鼻孔有点大，还是一张国字脸。对女人来说，最佳的是瓜子脸，其次是鹅蛋脸，国字脸会减少女人的秀气和妩媚。

但是她穿着一条宽松的纯棉黑色长裙，胸前的一朵刺绣牡丹，冲淡了国字脸带给她的棱角，一缕微卷的头发，垂到胸前，又平添了几分妩媚。她属于那种不漂亮却耐看的女人，我想应该是阅读带给她的吧，她身上那种由内而外散发出的气息，有一种特有的气场。

虽然我和她不认识，可是她和朋友聊的私密话题没有回避我，说明她是一个能够和人坦诚相待的人，她说："其实每个人都有过一段焦躁的岁月，在那些寻找自己的日子里，就像生活在玻璃缸里的金鱼，看着处处是路，却总是找不到真正的路。就像我和前男友，他追我时，带我去各地旅游，给我买喜欢的衣服，送我大把的玫瑰，当我迷失在爱情的漩涡中，以为婚姻就能这样一辈子时，他提出结婚后我要按照他的节奏生活，这时我才猛然醒悟，那不是我要的生活，我要做一只自由自在的鸟，不想做一只笼子里的金丝雀。"

多少女人，做了金钱的奴隶，虽然身上穿着昂贵的衣服，脸上搽着价格不菲的化妆品，可是却看不到她们明媚的笑容。金钱虽然可以买到很多东西，却买不到快乐的心情。

她说，她的生活很有规律，在大部分人成为熬夜族后，她有严格的作息时间，每天准时睡觉、起床、运动。她认为睡觉和运动是女人最好的养颜方法，与其花大把时间去美容和化妆，不如准时睡觉和合理运动。

在决定和男友分手前的一次旅途中，她遇到一位同样喜欢旅游的作家，在聊天中那位作家看到她纠结的内心，建议她平时写写文字，告诉她文字能够让人安静下来。于是她开始写文字，把写好的文字发给那个作家朋友看，作家朋友从文字里看到她的挣扎，提醒她要尊重内心的选择，不忘初心，方得始终。

开始写作后，她果然越来越安静，也越来越清晰自己想要什么样的生活、什么样的爱情和什么样的伴侣，最终果断和男友分了手。

那天，我在她那里只坐了一小会儿，可是她淡淡的笑容、不急不缓的声音，给了我深刻的印象，第一次真正认识到一个女人可以不漂亮，却不能没气质。

有人说，女人如果不性感，就要感性；如果没有感性，就要理性；如果没有理性，就要有自知之明；如果连这个都没有了，她只有不幸。我想说，一个女人如果没有气质，就要漂亮；如果不漂亮，就要干净；如果连干净都做不到，那就是灾难。

间隔一段时间，朋友又对我提起陌桑，说她现在的房东爱上了她，一个房价均价在每平方米八千元左右的小城，城里有着几套房子的男人，无疑被列为有钱一族。在我期待的目光中，朋友接着说，那个男人为了向她表示自己的真爱，居然和妻子离了婚，而那个妻子，曾经在男人车祸时给她输了不少的血。

后来呢？我问朋友。

朋友说，陌桑在电话里告诉她，她已经从原来的地方搬走了，她不会接受一个男人为了所谓的爱情，任意抛弃曾经有恩于他的妻子，这样的男人，不值得女人托付终身。

我终于明白，为什么第一眼看去并不好看的陌桑，会有一波波的男人爱上她，因为她有明确的生活目标，自始至终知道自己要什么，不要什么。这种明确的生活态度，在这个崇拜金钱的社会中，很多人已经失去了，所以她显得难能可贵。有着强大征服欲的男人，向往征服那些征服不了的女人，这个过程会给他们带来极大的乐趣，可是有些女人，只愿迷失在同类人的气味中，不会轻易倒在男人的征服里。

女人吸引人的地方，肯定是其身上独特的气质，而不是单纯的漂亮。一个知道自己要什么的女人，不会刻意为谁打扮自己，每天干干净净，只为自己赏心悦目，不为别人。

5. 花若盛开，蝴蝶自来

　　销售部来了个新副总，当哲生走进办公室时，销售部里几个美女的眼睛半天都没眨一下。高高瘦瘦的哲生，穿着白色短袖，黑色裤子，黑皮鞋亮得能照出人脸。越是简单的服饰，越难驾驭，一般人都不敢尝试的黑白搭配，穿在哲生身上，却显得干净利索，精神焕发，让人想起当红"小鲜肉"杨洋。

　　哲生走进办公室时，若见正俯身捡掉在地上的笔，等她起身看到哲生时，仿佛自己刚从黑暗的屋子里走出来，抬头一瞥，刚好看见了一轮圆月。从来不相信一见钟情的她，忽然明白了什么是一见钟情。

　　一见钟情，是一场华丽背景下的艳遇。只需一个动作，一丝眼神，一抹微笑，或者干脆什么都没有，就那么简简单单一瞥，一种情愫就瞬间在心间荡漾开来，如夏花般绚丽开放，悄无声息，蔓延覆盖，让人心生欢喜。

　　爱情从来都不是一个人的事，若见还没策划好靠近哲生的计划，她发现办公室的艾嘉也同样喜欢哲生。从小在山村长大的若见，只是凭着勤奋好学，才通过高考跃龙门，为自己谋得这份不错的职业。艾嘉是城里人，父母都是公务员，是家里的独生女，长得又漂亮，自身条件自是比若见好得多。

艾嘉是那种敢说敢做的姑娘，在工作中也是这样，只要自己认定了，就会鼓足劲去努力，所以她的业绩在销售部里不是第一，就是第二。艾嘉的口头禅就是"自己想要的，就要努力得到"，她把工作中的干劲搬到了爱情中，公开追求起哲生。在不耽误工作的情况下，给他泡茶，磨咖啡，送点心。

销售部里几个名花无主的姑娘，看到高学历、长相好、家境又不错的哲生，都心生涟漪。聪明的艾嘉知道，这些姑娘虽然对哲生都有好感，可是出于女生的矜持，她们不会主动出击，自己先摆明身份追求他，几个姐妹就不好意思再下手。

艾嘉的如意算盘打得确实高明，其他姐妹看她公开追求哲生，大家只是咽唾沫，除了多看几眼俊朗的男神外，就只能恨自己没有艾嘉的勇气。若见当然明白艾嘉的心思，可是不忍心坐以待毙。

若见看到过这样一个故事：有两个喜欢蝴蝶的年轻人，一个年轻人为了得到蝴蝶，买来网兜和跑鞋，穿上运动服，气喘吁吁、大汗淋漓地到处追捕蝴蝶，结果抓到的几只蝴蝶，在网兜里左冲右突，不是死去，就是奄奄一息；另一个喜欢蝴蝶的年轻人，却去市场上买回几盆鲜花放在阳台上，然后泡壶茶，一边品着香茗，一边看着蝴蝶翩翩飞舞，只要自己想看，随时都能看到漂亮的蝴蝶。这就是追求和吸引的区别。

若见也有自己做事的一套方式，当确定做一件事时，她会认真分析，周密观察，然后制定具体做事方案。她属于那种暗中发力的人，平时不动声色，关键时刻却总能一鸣惊人。

细心的若见，平时留意着艾嘉和哲生的聊天内容，从他们的聊天中了解到，原来自己的男神喜欢运动，是小城一家慢跑俱乐部的会员，喜欢古典诗词，特别是苏轼的词，最喜欢的是《水调歌头》。

说者无心，听者有意。若见开始频繁地出入图书馆，抱回一大摞古典诗词，当然她不会笨得只看苏轼的，通过很多人的著作，了解唐诗宋词的精髓，这是基础，如果基本功不好，到时会破绽百出，不过特别留意苏轼的，因为这将是话题的起点。

我国被誉为诗的国度，诗歌创作源远流长，明月美酒般的唐诗，香茗清风般的宋词，均散发出无穷的幽香；精练的语句，优美的描写，饱满的情感，不但陶冶性情，又让人享受美学。一段时间后，她真正喜欢上了古诗词。

可是她没有忘记自己的目的，她打听到慢跑俱乐部会员活动分早上和晚上，她的男神是在晚上时间段。她知道自己不能唐突地出现在他面前，于是她忍痛放弃一个小时睡懒觉的时间，报名参加俱乐部早上时间段的成员。

三个月后，俱乐部搞联谊活动，若见踊跃报名，她参演的节目是朗诵苏轼的《水调歌头》。那天，若见穿着淡紫的连衣长裙，披着长长的头发，施着淡淡的妆容，她用富有感染力的声音，把"人有悲欢离合，月有阴晴圆缺，此事古难全。但愿人长久，千里共婵娟"这几句念得情真意切。

当然，没有人知道，她是借着这几句诗，表达了姑娘初开的情窦，真情自然打动人心，她对"人长久，共婵娟"的渴望，真情流露，激起了现场年轻人的共鸣。

那晚的联谊会结束后，哲生找到若见，主动提出送她回家。一路上，迎着月光，他们聊着唐诗、宋词，说着李白、苏轼。这样的夜晚，这样的话题是应时应景了。在这个快餐文化时代，许多人在手机上泛滥地看着古装、穿越、恐怖，却忽略了经典的美好。

在央视《艺术人生》采访王志文时，朱军问他为什么一直单身，王志文很认真地说："就想找个能随时随地聊天的。"多少人，一生只想找个能随时聊天的伴，可是找一个随时随地能聊的人，确实很难，通常是我们翻着长长的通讯录，看着熟悉的名字，却不知道把电话打给谁。

生活从来都是如此，付出总能得到回报。面无表情的若见怀着甜蜜的心事，没有理由地向单位辞了职，当大家知道若见和哲生在一起时，是在小城的步行街上，有同事看见他们手牵着手，一起吃着若见手里的冰激凌。

花若盛开，蝴蝶自来；你若精彩，天自安排。两个喜欢蝴蝶的年轻人，第一个从自我的角度出发，去追求自己想要的东西，因为忽视了事物存在的微妙规律，结果事与愿违；另一个年轻人从自我完善、自我奉献出发，投其所好，结果两全其美，满心欢喜。

吸引力法则告诉我们，当一个人的思想集中在某一领域的时候，跟这个领域相关的人、事、物就会被他吸引而来。一个人只有通过完善自己，提升自己，创造出自身独有的吸引力，才能吸引同类的人，从而拥有想要的幸福。

♛ 6. 永远不要自暴自弃

那天，我在小区门口碰见多日未见的董娇，不见平时她黏得牢牢的男友，开玩笑说："董娇，几日不见，好像又长胖了，你男友呢？是不是嫌你胖，不要你了？"

没想到一个玩笑，就把平时大大咧咧的她弄哭了，搞得我好尴尬，这时她妈妈刚好走过来，看此情形，板着脸呵斥她："哭什么哭，是胖还不许人说，知道难看，就去减肥。"

我讪讪地说："阿姨，不好意思，是我说错话了。"

董娇哭着跑回了家。阿姨拉起我说："岸秋，到我家劝劝这丫头，郁闷好多天了，不肯出门，净窝家里吃东西，没几天又长胖不少。你看你，多苗条，有什么保持身材的秘诀，和我家董娇说说。"

说到保持身材，我没什么秘诀可言，我家姐妹几个，天生属于吃不胖的。我原本不想去，可是阿姨拉着我，没办法，只能跟着她去了。

到阿姨家时，董娇已经躲进了房间，阿姨在客厅告诉我，一个月前，董娇的男友嫌她太胖，和一个身材苗条的姑娘好上了。董娇这段时间一直窝在家里，不肯出门，今天好不容易把她拉出去，结果在小区门口跑了回来。

我说："董娇就是胖了点，皮肤白皙，五官端正，特别是一双水汪汪的眼睛，挺漂亮，脾气又好，这是那小伙子没福气。"

阿姨说："怎么说呢，现在流行瘦，一胖毁所有，我让她减肥，还和我发脾气，说反正没人要，干脆让它胖，整天窝在家里吃个不停。"

这个我理解，许多女人心情不好时，都会选择狂吃，不过这样的结果，情绪没有调节好，反而增添肥胖的新烦恼，可是女人，总能拿出千万种贪嘴的理由。阿姨让我去劝劝她，我也只能勉为其难地上。

走进董娇房间，看到她手上正拿着一包薯片，见我进去，她不好意思地放下，看着我。我说："这么大的姑娘了，还吃这种零食？"

她见我，又眼泪汪汪起来，说："男友嫌我太胖，找了个身材苗条的姑娘，我都答应为他减肥了，可是他还是走了，这样也好，想吃就吃，敞开肚子吃。"说完，抓起一把薯片，塞进嘴里，大口大口地嚼起来。

我说："你和你男友认识时就这样胖了，相处两年，他现在嫌你胖，说明胖不是他离开你的真正原因，他只是找了这个借口离开你而已。"

董娇看着我说："姐，那是咋回事呢？"

我说："每个人从出生就走在路上，在成长的过程中，会遇见不同的人，他们会陪你走一程，等到缘尽时，他们从你身边离去，去陪另一些等着他的人。生命中总会有些来来去去的人，不断出现，不断离去，在来来去去的人群中，只有一人能陪你到最后。"

她说："相处两年的男友，都能够说走就走，我还能相信谁？"

我说："那是你们缘分已尽，你因为他离开，就不再珍惜自己，这是最愚蠢的行为，除了自己，不能让任何人成为你生命的全部。他因你胖离你而去，你却消极地让自己更胖，这不是让他的离去更心安理得吗？肥胖，对影响体形来说还是小事，最重要的是会给身体带来各种危害，谁不愿将来的另一半健健康康，娶一个潜在的病妻回家，确实需要很大的勇气。"

肥胖，不但影响外表，更重要的是对自己的身体会带来一定危害，容易造成糖尿病、肾脏疾病、影响怀孕这些不良后果。同时，一个姑娘，在爱美的年龄里，如果连自己的身材都做不了主，就很难有能力去把握自己的未来。

肥胖，和一个人懒散、消极的性格有关，没有规律的作息时间和不合理的饮食，再加上缺乏锻炼，都能影响体重，除了一部分运气好的人，先天体形不会胖以外，那些保持苗条身材的姑娘，在生活中有着坚强的意志，能够控制自己的情绪和生活习惯。

当然，如果遇见真正爱你的人，他会包容一切，不管缺点还是优点，一个以你的缺点和你说分手的男人，只不过随便找个借口，把错误推给别人，让自己有理由心安理得地离去。喜欢没有理由，不喜欢什么都是理由。

我对董娇说："给自己制定有规律的作息时间，安排合理饮食，坚持一定强度的体育锻炼，一段时间下来，就能有效减轻体重。这么年轻，连自己的身材都做不了主，还能抱怨谁？"

她看着我，我继续说："不要拿别人的错误惩罚自己，收回感情的人，他不会在乎你做什么，他会嫌弃你的一切。自暴自弃，你只能让自己减分。从明天开始，每天去公园跑步，一段时间下来，肯定能见效果。漂亮的外形，能给自己加分，让自己更自信，要让明天的自己比今天更优秀。"

　　美，谁都想拥有，何况像董娇这样年轻的姑娘，她听了我的话，心里升起一股斗志，确实没有一个人甘心接受一个人的离去，做更好的自己，是对另一个人最有力的报复。她点点头说："姐，从明天起，我要好好锻炼，我不能变成别人瞧不起的模样，我要改变自己。"

　　当我笑着把她带到客厅时，阿姨正侧着耳朵听我们谈话，看到我们，脸上是满意的笑容。我对董娇说："你自己制订一个计划，起始阶段可以让阿姨监督你，只要坚持3个月，就能形成习惯，一个好习惯能改变你的一生，到时你会惊讶被自己挖掘出的潜力，一段时间后，会发现一个完全不一样的自己。"

　　一个好习惯的形成，大致分成三个阶段。第一阶段是第一周，这个阶段需要刻意提醒自己去改变，自己会觉得不自然、不舒服；第二阶段是第二周到第三周，这个阶段会感觉比较自然、比较舒服，可是稍不留意又会回到从前，所以还是需要刻意提醒自己；第三阶段，是第三十天至第九十天，这个阶段基本能很自然地不经意地去做这件事，这个阶段叫"习惯性的稳定期"，习惯基本已经养成。有了好习惯，就要坚持，在坚持的过程中，离你想要的目标会越来越近。

　　第二天，当我习惯地在旁边的公园环湖小跑时，看到董娇正气喘吁吁、大汗淋漓地跑在前面，我追上她和她并肩，问她："阿姨没陪你来吗？"

她说："姐，我这么大了，不能什么事都靠爸妈了，自己的事自己负责，就像你昨天说的，如果一个人连自己的身体都做不了主，还怎么去把握自己的人生呢？"

我说："对，知道就好。刚开始不要太拼，慢慢增加运动量，自己的事，自己努力，谁都不能陪你一辈子，只有自己依靠自己，才能天下无敌。你慢慢跑，姐先走了。"

她举起右手，握紧拳头，对我说："姐，你先忙，我一定会坚持下去。"我向她竖了大拇指，去忙别的了。

一个人只要自己愿意改变，就没有做不了的事。减肥，其实不是很困难的事，注意饮食，有规律地作息，让运动后大量出汗，就能做到有效减肥。一些减肥失败的人，只是缺少毅力，缺少自我控制能力而已。

自暴自弃的人，容易让自己走进坏情绪中，使自己越来越差，正确的方法是找出原因、调整心态，通过努力解决问题，让自己逐渐拥有自信。自信，是一切成功的开始，阿基米德曾说："给我一个支点，我就能撬动整个地球。"一个拥有自信的人，才能带给别人信心，带给别人信心的人，好运就会随之而来。相信自己，相信自己的能力，幸运之神就能与你同在，你才能所向披靡，战胜自己，拥抱幸福。

7. 做好自己，别相信那些被晒的幸福

那天在公园里，听到两个姑娘在聊天。一个姑娘说："看着朋友圈里大家不是在这里玩，就是在那里吃，再看看自己的生活，每天朝九晚五，却拿不了多少工资，捏着这点钱，不敢吃香的喝辣的，不敢买高档衣服，还天天担心老人和孩子，一不小心进了医院，这日子过得提心吊胆，想想真没什么意思。"

另一个姑娘说："是啊，为什么人家有钱又有闲，我们却还在温饱线上挣扎？想买套房，可那房价却高得吓人，生活的差距怎么就这么大呢？"

"是啊，想想就泄气，没办法，你看那些富二代，生下来就是含着金钥匙。"

另一个又说："嗯。不想了，还是安心过自己的日子吧，没有成为富二代，就努力成为富二代的娘吧。确定目标，努力工作，或许有一天也能有钱又有闲了，奇迹这种事，也不是没有。"说完，她自个就先笑了，另一姑娘也被她逗乐了。

生活，正以迅雷不及掩耳之势，发生着翻天覆地的变化，特别是电子产品，简直可以用日新月异来形容。当大家还沉浸在移动电话给我们带来便捷的时候，微信软件却像一匹黑马，它的注册用户远远超过了移动用户。朋友圈，更是如火如荼，演绎着各自的生活方式，各种晒让人眼花缭乱。真是"你方唱罢我登场，朋友圈里歌声扬"。如果刚好遇到情绪低落期，看着大家都在歌舞升平里，唯有自己活在水深火热中，恨不得买把面条来上吊。

我也曾被朋友圈里繁花似锦的生活迷了眼，直到有一天，我的一个同事，提交了她辛辛苦苦策划了十来天的一个方案，结果被领导一口否决，这心情自然就不言而喻。那天她在办公室里，始终阴着脸，直到下班还在唉声叹气。

结果那天晚上，她在朋友圈里晒出一组照片，穿着漂亮的衣服，化着精致的妆容，在柔和灯光的咖啡店里，和朋友喝着咖啡，配着图片的那段话，云淡风轻，岁月静好。没有人懂得图片后的她，是一颗怎样寥落的心。评论组里，依然是一大群点赞的人，和一大堆羡慕别人生活的字眼。

看着这些图片和文字，如果我不知道发生在同事身上的不愉快事，我一定也会羡慕她在朋友圈里的生活，对自己繁忙的工作和一大堆家务心生怨恨。可是那天的图片，让我醒悟过来，其实许多时候，我们都是伪装的，我们不肯卸下虚假的面具，不让别人看到自己千疮百孔的内心，却总是用华丽的皮囊包裹着自己，给人家一种我很幸福的错觉。

当然，你的悲伤是属于一个人的，与别人无关，你也无须把悲伤写在脸上，去博取别人的同情，所以在我们羡慕着别人的幸福时，有可能别人正在羡慕我们，在幸福面前，大家往往都成了那个骑驴找驴的人，身在福中不知福。

关于微信朋友圈，又让我想起另一件事。大家都知道，刷微信，其实是刷存在感，当自己发在微信圈的内容，引来一大群人的点赞和评论时，一种莫大的成就感油然而生。自然，平时看朋友圈时，看到真心喜欢的内容，也会认认真真写上评论。

一天，和一个朋友在车站等车，等车是个无聊的过程，无聊的朋友拿出手机翻着朋友圈，更无聊的我，看着她翻朋友圈，只见朋友在新发的内容下面，页面都没点开，直接一路点赞。我一时没反应过来，问她："你连看都不看，怎么就直接点赞了？"

朋友笑着说："傻，这些东西有什么好看的。"我说："那没什么好看，你还点赞？"朋友说："人家晒在朋友圈，就是刷存在感。你点个赞，浪费不了多少时间和精力，可是对方看了你的点赞，知道你在关心他的朋友圈，就觉得你在关心他，就觉得你够朋友；另外，如果你在这个朋友这里点赞，那个朋友那里不点，如果这两个朋友认识，没得到你赞的朋友看了，心里会想，原来他与我的关系不如与他，无意间或许就得罪人了，干脆就一路点赞，省得被人家说厚此薄彼。"

难怪说有人的地方就有江湖，朋友圈点赞居然还成了心机党的一大领域，可是仔细想想，朋友的话不无道理。那天后，我也试着给大家点赞，可是看着那个我发的爱心，总觉得像吞了苍蝇。又看着自己发表的微信内容下面，点赞的人一大堆，评论的字却没几个，这时候，我想到的是这些点赞里，到底有几个人看了我发的内容？试了几天，我没有坚持下去，我不喜欢作假的自己。

幸福，没有定义，它只是一种生活态度，每个人对幸福的追求不一样，每个人对幸福的感觉也不一样，就像世上没有两片一模一样的叶子。

平时，我们看着从身边走过的人，在他们平静的脸孔下面，我们什么都没看到。可是他们的内心或许正波涛汹涌，可能面临着家庭的破裂，或者事业的失败，抑或是亲人的离世，只不过大家无法通过表象看到人的内心，这就是生活。

当口渴时，一杯水就是最大的幸福；当寒冷时，一件衣服就是最大的幸福；当劳累时，一把椅子就是最大的幸福。而当你什么都拥有时，却反而忘记了什么是幸福，拥有幸福的人都是近视眼，看得见别人的日子却看不到自己的岁月。

有人用这样的方式来形容寻找幸福的人：当一个人站在山脚时，仰望的是山顶的雄伟和缭绕的白云；当他爬上山顶时，欣赏的却是山脚的炊烟袅袅。人就是这样，往往容易疏忽身边的美好，却去追求一些虚无的东西，然后觉得自己的人生不够幸福。

幸福就像身边的空气，存在时容易被忽视，失去时才知道它的重要。在平静的岁月里它就像一缕阳光，沿着时间的弧度，从东边到西边划过半个圈，然后消失。而当我们遇上连续的阴雨天，才知道那缕阳光曾经那样温暖，那样慈悲地照过世上的万物，即使被人无视，它也一样发出耀眼的光和透出平时一样的温度。

每个人都有自己的生活轨迹，当我们去仰视别人的幸福时，自己的幸福就瘦成了一缕阳光，从指缝里悄悄溜走。幸福，不是用来晒的，做好自己，这才是实实在在的幸福。一个懂得爱自己、爱生活的人，幸福，始终会在她的身边。

8. 有一种自爱，叫残酷

今年的三八妇女节，县妇联组织了一次"巾帼英雄分享会"，邀请了几位当地有名的成功女性，其中一个是二十七八岁的姑娘，她用五年时间，从一个不懂剪纸的大学毕业生，到现在成为年收入五十万的剪纸艺术文化创意公司老总。那天的几个人中，只有她没有准备演讲稿，想到哪儿说到哪儿，可是每句话都是激动人心的肺腑之言，那情景历历在目，每一句话每一个字，都仿佛如字幕般在我眼前，下面我和大家一起分享这个姑娘的演讲。

大家好：

感谢妇联组织的这次活动，让我有幸坐在这里和大家分享我的成功经验。我没准备稿子，我不是不重视这次分享会，而是我觉得没有必要，因为我走过的每一步路，对我来说都像电影一样，记忆深刻，犹如昨日。

五年前，我大学毕业，找过几份工作，一直没找到合适的。一天，我去乡下奶奶家，看到她正在给办喜事的邻居家剪囍字，在她长满皱纹的手上，那把剪刀灵活自如，没多久，一个个形态各异的囍字，很快在她手中形成了。奶奶是村里有名的剪纸能手，小时候我跟奶奶学过，那时贪玩，根本没好好学，现在重新看着面前的剪纸，突然有了浓厚的兴趣，这是一项传统民间艺术，可是除了几个村里老人外，已没有年轻人感兴趣了，那一刻，我很明确地知道自己想做的事了。

我不顾父母反对，搬到乡下和奶奶住在一起，一心一意跟她学剪纸。在学剪纸的那段时间，我几乎和外界断绝联系，这是一段寂寞的时光，可是所有成功的人，在成功之前，都经历过一段沉默的时光，要在沉默的时光里独自前行。

成功其实并没诀窍，它不需要特别的聪明，也不需要有特别的能力，只要我们有一颗守得住繁华、耐得住寂寞的心。

我，并没有过人的天资，也没有特别的能力，上天没有赐予我特别的机会，可是我成了别人眼中的成功者。我知道我为什么会成功，当我告诉你们成功的方法，并且给你们指点一条成功的路后，你们大部分还是不会成功，因为许多人不愿去改变自己，很多人已经习惯了懒散和平庸，不愿努力、不愿奋斗。

这些年，当别人在唱歌跳舞时，我在研究如何把剪纸学好；当别人在灯红酒绿时，我在研究怎样让剪纸更有价值；当别人在看电影聊天时，我在研究如何让古老的剪纸艺术走向市场；在别人不断消遣时，我在剪纸艺术道路上不断前行。当你们的生活过得丰富多彩时，我却待在乡下，和奶奶过着死气沉沉的日子，我的生活只剩下三件事：吃饭、睡觉、剪纸。

起初，许多朋友不理解我，常打电话叫我聚会逛街，可是被我一一拒绝，有些人劝我，人生苦短，何必这样委屈自己。我知道，我是在委屈自己，好几次我也想到过放弃，在灿烂的青春里，别人鲜衣怒马，而我却独自前行。可是我更知道，一个人如果不对自己残酷，那么现实会残酷地对自己。一个人只有管住自己放纵的心，静下心，狠狠心，过一段残酷的日子，才能让自己成为不一样的人，获得想要的财富，过上自己想要的生活。

　　成功没有诀窍，如果硬要说出一个诀窍，那就是埋头前进。每个成功的人，都像蜕变成蝶的蛹，必定经过破茧而出前的黑暗挣扎，只有这样，才会拥有一对美丽的翅膀；就像一棵大树，为了获得更多的阳光，就要把根伸向更深处的土壤。

　　我学会剪纸，然后再打开销路，获得相应的订单，这是一个艰难的路程，其中的艰辛只有自己知道，许多时候，我们只羡慕别人的成功，却没人看到成功前的黑暗。

　　当我们在羡慕别人的光鲜亮丽时，却无法看见别人的灰暗低落。成功没有诀窍，许多人即使知道了成功的方法，还是不能成功，因为大家不肯对自己残酷，不断放纵自己，而一颗被放任的心就只能接受平庸。

　　一分付出一分收获，与其去羡慕别人，不如付诸行动，每个人都想成功，可是许多人只把成功停留在想象中，最伟大的想象，都不如小小的行动，只有行动，才是走向成功的开始。

　　一个人如果不愿改变自己，那就不要去谈什么成功，一些人连每天好好吃顿早饭都做不到，一天不玩手机都没办法，试问，成功从何而来？放下社交工具，拒绝不必要的社交，给自己制定合理的方案，静下心来，安心去做自己想做的事，这时，你就站在成功的起点了。

成功其实并不难，就是认准方向，埋头前进。记得小时候我母亲割稻很快，总比别人割得多，可是看她速度，却并不比别人快多少，当时我把疑惑对母亲说了，母亲告诉我，我只要开始割稻，就不直腰，当你直了一次腰时，就想直第二次，然后第三次、第四次，我只是把人家直腰的时间都用来割稻了。

这就是成功的诀窍，把所有的时间都用来做自己想做的事，随着时间，等别人抬头看你时，却发现你已经爬得很高，而他们还在原处，于是那群在原处的人就开始仰视你，而那些你原本仰视的人，你却和他们到了一样的高度，或许比他们还高。

一个人想要成功，有时候需要对自己残酷点，那些残酷的日子，就是黎明前的黑暗，能挺过那段时间，你就会看到新的世界，如果放弃了，你就永远只能这样，站在原来的地方，仰视人家。

谢谢大家，我的演讲完了。

她的演讲，没有立刻迎来如潮般的掌声，因为每个人都沉浸在她的话语里。确实，每一个成功的人，都有过一段黑暗的日子，在那段黑暗的日子里，独自前行，放弃身边的所有繁华，在寂寞中成长，最后变成自己想要的模样。

马云曾说："今天很残酷，明天更残酷，后天很美好，但是绝大部分人是死在明天晚上，只有那些真正的英雄才能见到后天的太阳。"

因为自爱，所以残酷。在某个时间段对自己狠一点，熬过这些日子，会有幸福在前面等你。生活是公平的，你放纵自己的青春，你就收获平庸的岁月；你对今天的自己残酷一些，你明天的生活就丰厚一些。

生活，不会永远阳光灿烂，可是当自己拥有一轮太阳时，你的生活，就永远灿烂。

♛ 9. 做自己想做的，做了再说

篇篇医学专业毕业后，在一家制药厂当化验员，因为踏实肯干，两年后成了化验班班长。当上化验班班长才两个月，在另一家制药厂跑销售的同学告诉她，他们单位正在招聘业务员。

篇篇回家和妈妈说，自己想换单位，去另一家公司应聘业务员，妈妈看着篇篇说："篇篇，你爸爸死得早，妈妈带大你不容易，你现在有了工作，还刚刚升了职，妈妈心里才松了口气。一个女孩子，六七万年薪，也差不多了，你就安安心心在现在的单位上班吧，让妈妈安心点。"

篇篇说："正因为爸爸死得早，这么些年你一人把我拉扯大，不敢吃好的，不敢穿好的，没有一天心里舒坦过。我去跑业务，也是想多挣点钱，虽然辛苦一点，但是希望通过努力，能增加收入，这样你就不用这么辛苦了。"

妈妈说："我知道你的心思，可是妈妈去打听过了，跑业务并不容易，能打开市场是赚钱，如果打不开市场，就赚不了钱，这个有风险。起初还需一笔钱去搞关系，这笔钱可不是小数目，如果打不开市场，不要说这笔钱白白丢了，到时还要另找工作，新的工作不一定有现在这份好，那到时怎么办？"

篇篇说："做任何事都有风险，我还年轻，如果在一两年里面打不开市场，到时再做其他打算。我现在年轻，即使失败也还来得及重新开始，等以后年龄大了，就怕是真的摔不起。"

第二天，篇篇还是向单位提交了辞职报告，她认为一个人只能年轻一次，如果在年轻时都不敢放手一搏，那就真的太辜负青春了。

篇篇的母亲知道后，来找我商量，希望我能去劝劝篇篇，她说："一个女孩子，干吗这么苦，有一份安稳的工作就行，只要眼睛亮点，到时找个好男人，不是比一切都强。"

我想，既然篇篇已经提交了辞职报告，说明她下定了决心，一个年轻人愿意冒点险，做自己喜欢的事，是一件值得鼓励的事。于是说："既然她已经提交了辞职报告，要反悔也不好意思了，那就尊重她的意见，你就多鼓励鼓励她，让她在新单位好好干。其实一个人有多少潜力，不试试，连自己都不知道，她现在的工作也不错，可是愿意毫不犹豫地辞职，说明她是真的喜欢新工作。虽然我们常说，干得好不如嫁得好，但是我们周围的人，大部分都和自己差不多，只有让自己变得优秀，才有机会遇到更多优秀的人。"

每个人会发出自身特有的气味，吸引相像的人来到身边，所以身边的人，常常是和自己差不多那一类。当自身条件好时，周边条件好的人多一些，在一大群条件好的人里面找一个合适的人相对容易：自身条件差时，遇见的人条件会差一些，要在矮中取长，相对来说机会少一些。

另外，一个人能认准一件事，并愿意为此去努力奋斗，这是良好的开端。当我们做自己喜欢的事时，会有极大的热忱，这时时间往往过得特别快，整个工作过程也是愉快和幸福的。

作家略萨曾经说过："我敢肯定的是，作家从内心深处感到写作是他经历过的最美好的事情，因为对作家来说，写作是最好的生活方式。"其实每个人都一样，做自己最想做的事时，一定会认为这是自己最好的生活方式。每个人的快乐是不一样的，泥鳅的快乐是在一堆烂泥里钻来钻去，屎壳郎的快乐是在一堆粪便上跳来跳去，但是它们都沉浸在自己的快乐中。

几年前，我有个同事的女儿妞妞，也遇到过篇篇差不多的情况。妞妞从小喜欢刺绣，浙大毕业后，没有留在杭州工作，而是回到小城开了一家刺绣店，一个名校毕业生和一家刺绣店老板娘，这跨度有点大。那段时间，她父母动员同事和亲戚轮番上阵去做她的思想工作，希望她能找份好工作上班，然后把刺绣当成爱好。可是这个 90 后的女孩子，硬是用微笑和沉默，让每个去做工作的人败下阵来。

妞妞很坚决，她说，我当初好好读书，并不是为了找份好工作才读书，而是我从读书中找到了快乐；我现在找工作，也不是只想找一份能给我带来高收入的工作，我希望自己每天工作时都是快乐的。虽然刺绣店暂时还没有丰厚的收入，但我相信它一定能养活我，在这个过程中我也会很快乐，快乐是金钱买不到的。

年轻就是好，它在于敢说敢做，无所畏惧。青春只有一次，它短暂却又美丽，往往是等我们想要珍惜时，它却已经不知不觉地溜走了，所以一个年轻人，愿意在年轻时认准一件有意义的事，愿意为这件事放弃一切去做，这样的青春，哪怕失败，也没有辜负过自己。

曾经看到过一个外国故事：一个没戴帽子的少年和一个戴帽子的少年在厕所里相遇，没戴帽子的少年向戴帽子的少年借了点手纸，等从厕所出来时，两人已经很熟悉，一边走一边聊。戴帽子的说："我家里人逼我学钢琴，可是我怎么都弹不好，钢琴真难学。"没戴帽子的听了大笑着说："弹钢琴有什么难学的，这是一件多么愉快的事，我从五岁起就开始学弹琴了，越弹越喜欢，可是近来家里人逼着我学写诗，写诗才是天下第一烦事。"戴帽子的听了，同样大笑着说："写诗多好玩，这有什么好难的，我这里就有写好的诗，给你一些，你拿回去交差吧。"

这两个少年，不爱写诗的是音乐家莫扎特，不爱弹钢琴的是大诗人歌德，每个人在自己喜欢的领域里，做着喜欢的事，就不觉得是难事；相反，做自己不喜欢的事，就会感觉很难。

一个人能按着自己的心愿做事，是一件多么美妙的事，就像两个相爱的人最终走到了一起。当然，在做自己喜欢的事之前，得确定这件事是正确的、有意义的和有前途的，适合自己的，并且自己愿意为这件事不懈努力。

天道酬勤，勤能补拙，付出和回报，一定是成正比的。人一辈子，说长不长，说短不短，许多时候我们做着自己不喜欢的事，过着不开心的生活，却羡慕着别人的生活。每个人原本都是独一无二的，只是在成长的过程中，常常活成了复制版，随波逐流，迷失了自己。

趁年轻，做自己想做的事，做了再说，这是一种勇气，也是一种智慧。一个人能够顺着自己的心愿生活，就是最好的生活，做自己，不让自己活成别人的模样，幸福着自己的幸福，快乐着自己的快乐。

♛ 10. 别让坏脾气毁了自己

阿枫是一名服装设计师，她在本地的时尚圈里小有名气。一天晚上，她加班到十一点，终于把即将投入生产的服装图纸设计完成，核对好最后一个数据，长长地舒了口气，关了电脑，站起来，心情愉快地回家了。

因为头晚完成了连续奋斗了几天的单子，那天去上班，阿枫心情很好。来到单位，走到自己的位置上，打开电脑，把昨晚完成的设计图，传送给下道工序的同事。

同事接收文件后，打开看了看，发现图纸没有完成设计，就对她说："阿枫，你的服装设计没有完成，你看看，是不是传错了文件？"

阿枫很自信地说："没有，我昨晚做完才回家，怎么可能？"

同事说："真的，不然你看看再说。"

阿枫点开文件，果然发现图纸没有设计完，她傻眼了，原本愉快的心情一下子跌入了谷底，她想了想，估计是没有保存就关了电脑。遇见这种事，每个人都会懊恼，她铁青着脸去倒开水，拿着茶杯路过另一个同事桌边时，不小心把水滴到了她的文件上，同事说："阿枫，你能不能小心点？你看，把我的文件弄脏了。"

原本心情不好的阿枫，听了同事的话，也忘了道歉，火药味十足地说："我又不是故意的，谁叫你把文件放这么靠外，如果你放在里面，难道能滴到吗？"

同事说："你什么意思？我的文件放在自己的办公桌上，又没放在你的桌子上，你把水滴到我的文件上，不道歉，还这样说话，你还有理了？"

懊恼透顶的阿枫，失去了理智，这时她火冒三丈，把手里的水全泼在了同事的文件上，说："我就是不道歉，我看你又能怎样？"

这时同事也被她的无理急疯了，抢起文件就朝阿枫砸去，阿枫伸手想挡住砸过来的文件，结果手不小心碰到了同事的头，同事以为阿枫要动手打她，也伸出手来抓阿枫的头发。

看到两个人掐起来，其他同事纷纷站起来，拉开她俩。因为声音太大，隔壁办公室的领导听到了，过来看看发生了什么事，结果看到办公室的两个人像斗鸡一样对峙着，就把她俩叫走了。

领导让她们自述事情的前因后果，无理在先的阿枫，自是哑口无言，在办公室大吵大闹，按公司规定，每人罚款 100 元，阿枫是始作俑者，双倍罚款，外加警告。

其实生活中，遇到阿枫这样的事情是难免的，只不过事情已经发生了，就应该想办法补救，实在没有办法补救，只能及时调整心态，重新再来。发脾气虽然逞了一时口舌之快，可最终却只能给自己带来痛苦。一个经常发脾气的人，会使人际关系紧张，从而使自己没有好人缘，没有好人缘的人，当你做了错事时，自然没人会站出来为你说话；当升职加薪时，也没人会主动提起你，实在是百害而无一利。

差不多的事，也曾发生在我的身上，有个晚上赶稿到 12 点，第二天上午，很高兴地坐到电脑前，打算继续工作，谁知一打开电脑，发现昨晚加班写的稿子没了。

高涨的心情一下子跌到冰点，整个人就像泄了气的皮球，本来信心满满的，转眼就唉声叹气，可是已经丢失的文字不可能回来。为了调整自己，我到小区外面的公园跑了会儿步，再和公园里一些老人聊了会儿天。

回家后也没有急于打开电脑，而是找了本平时喜欢看的书。喜欢的书我会反复看，每次看后都有不一样的收获，因为是自己喜欢的书，不一会儿，整个人就沉浸到书中了。

等从书中回过神来，已经过去了两个小时，这时，我洗了个澡，洗澡是消除疲劳、提神醒脑的好办法，等做完这一系列，刚刚那种懊恼透顶的情绪被缓解了。这时，坐到电脑前，再鼓励自己，重新开始工作，刚刚的阴霾就过去了。

懊恼事每个人都会遇见，如果自己不能及时调整心态，就会影响自己的情绪，少则一天，多则几天。当身边有其他人时，可能还会连累别人，就像阿枫，因为一时控制不住自己的坏情绪，结果搞得大家都不开心。

有个坏脾气的故事说的是一家人，合理地说明了它的恶性循环：

那天爸爸去上班，出门后发现钥匙没带，就赶紧回家找钥匙，发现是自己昨晚掉在了地上，妻子捡起来后放在桌子上，却忘了告诉他。于是他埋怨妻子没有及时提醒他。妻子无缘无故被丈夫埋怨，很恼火，看到一旁玩耍的儿子，把玩具撒得满地都是，就破口大骂。孩子正玩得开心，听到妈妈无缘无故骂他，也很生气，用脚去踢一旁的狗。那狗看到小主人踢它，就"汪汪汪"地大叫，结果被女主人赶出了家门。

一个人如果无法控制自己的情绪，可能会造成一系列的恶性循环，影响周围一群无辜的人，这不但不能改变自己的心情，还让大家跟着心情不好。弱者被思绪控制行为，强者却能用行为控制思绪，一个不能控制自己坏脾气的人，会让自己生活在焦躁的环境中，造成抑郁的心理状态。

坏脾气是成功的大敌，它能毁掉人的一生，任何一个人在动怒的一刻，平时的修养都会化为零，暴怒的脾气就像一把利剑，会在别人身上留下疤痕。就像捅了人一刀，你说多少次对不起，那道伤口都将永远存在。在伤害别人的同时，也伤害了自己。

人分三等，一等人是有能力，没脾气；二等人是有能力，有脾气；三等人是没能力，有脾气。一个好脾气的人，不是在别人对你彬彬有礼时，你彬彬有礼地回应别人，而是在别人对你粗暴无礼时，你还能保持彬彬有礼地回应，这就是一个人的修养和内涵。

一个人内心充满欢喜，才能把欢喜带给别人；一个人内心是焦躁和无礼，传递给别人的也是焦躁和无礼。有财的舍财，有德的舍德，自己有什么才能给别人什么。给别人什么，别人才能回馈你什么，这就是所谓的你做在别人身上的事，最后一定会回报到自己身上。所以，若想与周围人和谐相处，就得学会控制自己的情绪，把自己的快乐和喜悦舍出去，自己才能收获幸福与快乐。

在成功的路上，最大的敌人并不是资历浅薄，或是缺少机会，往往是无法控制自己的情绪，没有给自己创造各种有利的条件，致使许多出现在自己身边的机会，都没能好好把握。每个想要成功的人，都要做一个控制情绪的强者，只有懂得克制的人，才会给自己创造有利的条件，给自身带来更好的发展前景。

第二章

独一无二的自己，独一无二的幸福

每个人身上都有属于自身独特的光芒，属于自己特有的魅力，是别人无法模仿和拥有的，就算全世界都否定我，也要相信自己是独一无二的。

1. 将就的爱情，不如不要

搬进新房后，与邻居小黎渐渐熟络起来，二十九岁的她，未婚，在一般人眼中，她已是剩女。以前我一直认为，剩女者，要么性格行为怪癖，要么长得不尽如人意，当我知道小黎是剩女后，彻底颠覆了这种想法。

身高一米六五的她，体重五十五公斤，饱满的鹅蛋脸，有几分神似刘亦菲，白嫩的皮肤，有些婴儿肥，虽然已经二十九岁，可是脸上仿佛一掐还能掐出水来。有一次，碰到她穿着一条白色连衣裙，真有种惊艳的感觉。

周末，两人常常在小区的公园里，边晒太阳，边聊天。一天，又聊到她未婚的事。

她说："我不就是这个年龄还没结婚吗？好像犯了滔天大罪，只要一回家，父母就没完没了地唠叨，好像他们只关心我结不结婚，并不关心我快乐不快乐。如果我仓促进入婚姻，不快乐怎么办呢？"

我笑着说:"火车在铁轨上循规蹈矩地行驶,是正常的交通工具;如果出了轨,就是交通事故。一个人还未到谈婚论嫁的时候恋爱,那是早恋,被人非议;过了常人眼中谈婚论嫁的年龄还没结婚,又遭非议。人群是以金字塔形式排列的,越是在底层,人就越多,越到顶峰,人就越少。物以类聚,周围的人,认为自己的生活方式是正常的,如果有人不同于自己的生活模式,就把你当成异类。对于异类,人们喜欢说长道短,作为父母,自然不希望你成为别人议论的对象。"

小黎说:"你说得有道理,有时候,真想随便找个人嫁了得了,可是冷静下来想想,又觉不妥,人生在世多么不容易,应该按自己想要的方式生活。前段时间,阿姨给我介绍了个人,各方面条件倒挺好,父母希望我能和他结婚,可是我总提不起兴趣。"

我说:"如果差不多,就考虑考虑,世界上没有十全十美的人,婚姻里,每个人五十分,合在一起才是一百分。"

"年里,那男的提出,叫我考虑一下年后结婚的事,然后再没其他行动。真没想到,结婚居然简单到像是去菜市场买菜,卖就卖,不卖就拉倒。想起作家三毛说的话,如果自己不愿意,百万富翁也不嫁;如果自己愿意,千万富翁也嫁;如果是荷西,能吃饱就行。难道光看条件合适,就能成为结婚的理由吗?嫁人,是嫁给一个人,又不是嫁给一堆条件,如果这样把自己嫁了,还不如不嫁。"小黎苦恼地笑笑。

"那年里他有没有提出一起去你家,看望你父母?"我问。

"没有。你帮我分析分析,他除了提出结婚,却再没有其他行动,是什么原因?"

照我们这里的风俗，如果男方有意女方，往往会在过年时，备一份礼物去女方家，如果女方家里把礼物收下了，表示长辈认同他们的交往；反之，就不收。

我说："难道他怕肉包子打狗，有去无回？那个男人的目的，只是简单到想结婚，所有过程都想省略吗？"

小黎说："应该是吧。"

我说："我看过一句话：在爱情里，主动的必须是男人，如果这个男人不肯主动，不管有多爱，都要放手。小黎，你要对自己负责，婚姻不是非此即彼，如果遇不到好的，那就继续等。"

小黎说："谢谢姐的理解，我和你一样的想法。"

这让我想起前些日子，我和单位一位三十几岁的单身男同事一起出差，路上聊起他交女朋友的事，他说："现在的女孩真现实，不但要长相，而且要有房有车，想要脱单，真难。"

我说："是的，不是有人在网上调侃，你和岳母的距离就是一套房子的距离，不然你只能喊阿姨。不过，女人都比较心软，如果一个男人，像打麻将一样追女人，肯定能追到手。"

"像打麻将一样，怎么追？"他问。

我笑着说："打麻将就该狠、准、稳，放冲时要狠心，自摸时要看准，该胡时要求稳。"

"那和追女人有什么关系？"他被我搞蒙了。

我说："狠，就是要对自己狠，肯出血本，这是质的转换，从金钱转换到感情；准，就要投其所好，她的事就是你的事，你的事还是你的事，遇事就上，冲锋在前；稳，就是要懂得曲线前进，不要急于求成，放长线钓大鱼，等鱼上钩再收线。"

他听了我的话，不料却连连摆手，说："都什么年代了，现在谁有时间耗在一个女人身上，如果到头来还是不肯，不是既浪费时间，又浪费金钱吗？那可得不偿失。"

这下，轮到我惊讶了，傻傻地问："难道爱情不值得一个人放手去追吗？"

他说："这个时代，还有爱情吗？婚姻是一种合作，爱情却是奢侈品，与其用大把时间去追一个喜欢的人，不如去找一个愿意马上跟你一起过日子的，生活已经够累，这不是给自己添堵吗？"

"如果与不爱的人结婚，婚姻能甜蜜、能长久吗？"我问。

他说："爱得死去活来的人，就一定能把爱情保持到最后吗？爱情可是有保鲜期的，常常死在婚姻里。"

难怪木心在《从前慢》里说：从前的日色变得慢/车、马、邮件都慢/一生只够爱一个人。所以我们父辈，只知道养家、育儿、爱妻子，乖乖地在婚姻里过一辈子，从结婚之日开始，就决心执子之手，与子偕老；而我们这代人，出轨、离婚、二奶、小三，名目繁多，让人应接不暇。对待婚姻，就像换衣服，在我身边的人，我不只听到二婚、三婚，甚至有到四婚、五婚的，婚姻失去了该有的尊严。

令我意想不到的是，还未进入围城的年轻人，已经不肯把时间浪费在追求爱情上，这种速配婚姻，能走多远？这不是为急剧提高的离婚率贡献自己吗？

现实生活中，许多大龄青年，面对长辈的不断催婚，男女双方，没有经过一定时间的了解，仓促结婚，导致婚后在各自逐渐暴露的缺点中产生矛盾，加上没有深厚的感情基础，一言不合就分手。

对于人生来说，活得开不开心才是最重要的，有没有婚姻，只是一种生活方式，却并不是唯一途径。

杨绛先生说："不要找，你要等。"

如果那个非他莫属的人，还没在你生命中出现，那么请你安静地等待，那些将就的爱情不如不要，我们得对自己的未来负责。一生只爱一个人，遇见了，就好好去爱他；没遇见，就好好爱自己。我们要尊重内心的选择，因为一辈子不长。

2. 爱与不爱，你心里最清楚

前几天去舅舅家，看到表弟和他的女朋友都在，我笑着问道："打算什么时候结婚，姐等着喝你们的喜酒。"

表弟看看我，再看看他女朋友，欲言又止。舅舅也把目光转向这对年轻人，附和着说："是啊，挑个日子，把你们的事办了。"

那小姑娘也把眼光移到了表弟脸上，等着他回答，不料表弟低下头，专心地嗑起瓜子。

"你为什么不回答？是不是你不爱我？你到底爱不爱我？"小姑娘首先沉不住气，责问起表弟来。

表弟还是不吭声，好像和瓜子较上了劲，越嗑越快。

"你说啊，说啊，为什么每次问到这个问题，你都不肯痛痛快快地回答？你是不是不爱我了，是真的不爱我了吗？"小姑娘开始激动起来，用手不断地推着表弟。

表弟噌地一下站起来，看着他的女朋友说："你又来了，爱不爱你，你难道不清楚，一天到晚问这个问题，如果你连我爱不爱你都感觉不出来，我问你，这婚还结什么啊？"

说完径直走进房间，顺手重重地关上了门，那小姑娘，就哇地哭开了，眼泪像断线的珍珠，然后抓起沙发上的包包，想夺门而出。

还好舅舅反应灵敏，立即赶到门边，伸手拉住她，站在门口好说歹说。

惹事的我，看着突然发生的一幕，很是尴尬。硬着头皮走到门口，对那位姑娘说："我表弟怎么不好，你对表姐说，今天有姐在，肯定为你讨回公道。"

舅舅也赶紧说："他最听表姐的话，有什么委屈你和表姐说，叫表姐给你做主。"那位姑娘到底是爱着表弟的，看着我们尽说好话，也就顺着梯子下来，重新坐到沙发上。

看那位姑娘坐下，我去敲表弟的门，门没上锁，我走了进去，看到表弟坐在床上生闷气。

我说："一个大男人，好好的发什么火，有什么事就对姐说。"

表弟看着我，也是一脸委屈，反问我："姐，你和姐夫恋爱时，是不是也一天到晚问姐夫爱不爱你？"

听到表弟的问题，我已知道大概，这是年轻情侣间常有的问题，我还是说："你说，姐听着。"

表弟开始诉苦："我其实很爱她，她是我喜欢的类型，我对她可谓是一见钟情，可是近来也不知道她哪根筋搭错了，常常问我爱不爱她，开始我很认真地回答，她听了很开心。后来她问多了，我回答时就心不在焉，她说我敷衍她，常常以此发脾气，可是只要哄哄还能'阴天转晴'，可是近来，当我爸提出让我们结婚的话题后，她问这个问题更频繁了，升级到一天问好几次，被她问烦了，我都懒得回答。有时候不高兴，直接对她说，你说爱就爱，你说不爱就不爱，这样的回答，换来的是没完没了的争吵。表姐，我很爱她，可是为什么她感觉不到我的爱，难道真的是我的爱不够深，还是我给不了她要的爱？"

人类创造了男人和女人，除了身体结构明显不同，心理感受也是大不相同，对于男人来说，说话的内容基本就是心里的想法。如果把一座海上的冰山，看成是一对男女的对话，男人说的话，冰山多大，倒影多大，而女人说的话只是冰山一角，倒影却是整座冰山。

女人是梦幻主义，男人是现实主义，当梦幻主义和现实主义寻求平衡时，冲突就出现了。为了解开他们之间的矛盾，我让表弟走出房间，让他们敞开心扉，听听彼此心里的声音。我先说："沟通，是爱情的桥梁，有什么不满，要及时沟通，当面解释，不能藏在肚子里，不然那些不满就像一个毒瘤，被情绪养大，最后成为不治之疾，那时想割除都来不及。"

我转头问那位姑娘："刚刚我表弟的话，你听到了吗，你们的矛盾是不是就是他说的？"

姑娘红着脸点点头。

我说："你拿同一个问题反复地问，就像你不停地嚼同一颗口香糖，嚼了一天的口香糖，你能嚼出味道来吗？人心隔肚皮，凭空说话无意义，对你说一千次爱，不如给你做一顿早餐；喊你一万声亲爱的，不如给你买件羽绒服。如果你感受不到对方爱你，不一定是他不够爱你，而是要问你自己爱得深不深。爱是相互的，一个眼神，一次牵手，一个拥抱，如果彼此深爱，都应该能感受到对方的爱意。"

姑娘听了我的话说："其实我能感受到他对我的爱，可是我总患得患失，怕有一天他不爱我，我想在他的回答中证明自己的重要。因为在我很小的时候，母亲离开了家，与另一个男人生活在一起。我是爸爸一手带大的，从小自卑，虽然通过努力，考上了好的大学，有了好的工作，可是小时候带给我的不自信，深藏在骨子里，时不时出来作祟，所以在爱情中我也会犯同样的错误。"

姑娘突然站起来，扮着鬼脸对表弟说："有你这么优秀的男孩爱着我，我应该乐观自信，开心地享受爱情，向往美好的未来。大头鬼，我向你道歉，相信你的爱，也相信我们的爱情，让我们天长地久。"

表弟也站了起来，一把拉过女友的手说："走，吃烤羊肉去，把你喂得胖胖的，胖得以后除了我，没人再敢要你。"

说风风就来，说雨雨就到，这风雨来得快，去得更快。一对年轻人，没等我们上了年纪的人反应过来，就手牵手大摇大摆地走了出去。我吐吐舌头，只能感叹年轻真好。

爱情，是两个人的事，爱与不爱，自己心里最清楚。有的人我们怎么看也不般配，却甜甜蜜蜜地走进了婚姻的殿堂；有的人，看着郎才女貌，却在相爱后分道扬镳。

自信，在爱情中起着举足轻重的地位。原生态家庭对一个人的性格影响很大，离异或常常争吵的家庭，孩子容易自卑，自卑导致没有自信，没有自信的孩子，在爱情中最常见的表现就是患得患失，爱情却如手中的沙子，握得越紧，反而流失得更快。

一个人可以通过努力改变自己，当自己越来越优秀时，自卑会逐渐减少，自信会越来越多，爱情与生活一样，有了足够的自信，幸福就会随时出现，不然到手的鸭子，也会从你手中飞走。

3. 姑娘，要学会独处

我有个朋友，她学过篆刻，学过书法，学过木琴，还学过茶道，她不管学哪一样，都会在朋友圈里晒，前几天她对我说，她要去学做服装。

我说："做服装好啊，学几年，开家店，看自己做的服装穿在别人身上，在别人的美丽中有一份自己的辛劳，多好。"

她说："我学会只给自己做。"

我不再说什么，也不知道该说什么。她家有篆刻工具、书法写字桌、木琴、茶具等，到时就再添一台缝纫机。她学的任何一样技艺，都要静下心来才能学好；学好任何一样技艺，都能让自己安静下来。可是我朋友从来没有安静过，她是哪里人多就往哪里钻，借着学技艺的借口，认识更多的人。生活中，真正的朋友是经过岁月的沉淀，而不是依靠萍水相逢。

一个人不能脱离社会，每个人都是组成社会的一部分，适当的社交每个人都需要，如果一天到晚只知道"赶场子"，在一大群人中哗众取宠，其实是一个没有自我的人，一个不知道独处的人，也是很难做成事的。

她的微信朋友圈也很热闹，今天和这群人在一起玩，明天又和另一群人在一起吃饭，却看不到她固定的生活方式。还不时给一些称兄道弟的人发广告，别人做着几个亿的生意，看着都没她忙。

朋友不搞实业，不开公司，不做生意，也不上班，一个整天在家的人，却比别人做几亿生意都忙，我对她的生活方式不敢苟同，渐渐地就不再和她联系。当然，她大部分时间也不和我联系，偶尔打个电话，大致是心情不好让我陪她聊天，作为认识几年的朋友，不好意思拒绝，每次只能答应，可是陪她聊后，我又后悔自己把时间浪费在不值得的人身上。

一天晚上，我已经睡下，迷迷糊糊中听到手机在振动，拿过接了，是她，她说："心情不好，我过来，你陪我一会儿。"

我皱皱眉，看看时间已经深夜十一点了，想回过电话拒绝，想想她或许真的心情不好吧，又于心不忍。等她来了，两个人来到小区外面的公园，那天是阴历十五，月亮很圆，月光下的湖水泛着银光，湖边的杨柳在风中摇曳，夜色下的公园很美，可是我却很困。

但是我保持着基本的礼貌，问她："怎么了，为什么心情不好？"

她说："一些人常来我家喝茶，每天弄得很迟，真烦。"

我说："如果烦，就早点关了院门，上楼去，要不了几天，大家就不会来了。"

她说："一些人都来习惯了，突然把门早早关了，不就明摆着不要别人来，我能做这样的人吗？"

我说："生活是自己过的，别人怎么想有什么关系吗？如果你不喜欢这样的生活，就改变，人家是来你家，主动权就掌握在你手中。"

朋友家的院子挺大，她在院子里放了一套茶具。因为她闲，常结识一些新圈子的人，有空时她就叫一大帮人来家喝茶，在别人面前展示连半吊子功夫都没的技艺，渐渐地，她家就成了一些闲散人的聚会场所。

生活都是自己选择的，别人对你的态度首先是源于你自己，如果你不想让人打扰时就说人家烦，让你改变这种生活方式又说对不起人家，那就是你钻进自己做的套子里，不肯出来，别人怎样帮你？其实我知道，她是习惯了在嘈杂的人群中过日子，怕关了门后，少了一群人的喧哗，失去了热闹的机会。归根到底，她没有学会独处。

我说："生活是自己的，嘴巴是别人的，如果你的生活由别人的嘴巴控制，那不是别人的事，是你的事。"

她说："我本来心情就不好，你还要说我，你不是老对我说要学会倾听吗？我来找你，并不是为了听你说教，只是想找个人倾诉。"

是的，倾听是一个人的好习惯。一个人有着倾听的耳朵和愿意倾听的心，必然拥有忠实的朋友。这个社会，愿意倾听的人越来越少，心理医生为什么能治病，主要就是能够倾听病人的诉说，通过倾诉缓解病人的心理压力。

我知道倾听的重要性，在我烦闷时我也希望有人能安静地听我倾诉，在别人烦闷找我倾诉时，我该礼貌地倾听，倾听是一种平等而开放的交流方式。可是并不是说倾听者就该沉默不语，唯唯诺诺顺着倾诉者的意愿，如果只是一味倾听，不从中指出倾诉者的错误观点，我认为她不是一个合格的倾听者。

我说："我不否定你的观点，但是我保留自己的观点，我把我的想法说出来，是供你参考，最后怎么做，权利在你手中。"

她说："我只是想找个人倾诉，不想听别人的意见。"

如果倾听者不能发表自己的看法，只能一味地顺从倾诉者，我想那该找一棵树、一块石头或一朵小花去倾诉，不需要交流的倾诉，是没有太大实际意义的。

自然是到了话不投机的时候，我说："我明天还要工作，太晚了，我要回家休息了，你也早点回家休息吧。"

我知道自己不是一个合格的倾听者，可是我发现，她是一个挥霍时间的人，我和她在一起，也就挥霍了自己的时间。在她倾诉的过程中，或许她一时得到了倾诉的快乐，可是我在实质上并没有帮助到她，我觉得她的这种不愉快的心情，还将继续存在。不正确的生活方式使她自己不开心，我觉得我没有必要搭上我自己的时间。

朋友，是那种能够相互帮助的人，互惠互利的关系才能维持长久，一个把日子过得浑浑噩噩的人，只是在慢性自杀。浪费自己时间的同时，也浪费别人的时间，我觉得这样的朋友，不要也罢。想到这点，我给她发了条微信，说："对不起，我很忙，以后你找别人倾诉吧。"

一个不会独处的人，她不但消耗自己，也消耗别人。好姑娘，就该学会独处，独处时能够更好地认识自己的内心，对于一些不能给你带来任何好处的朋友，要敢于说不，因为我们的人生并不长，我们要用有限的生命，去做有意义的事。

　　心智成熟的人享受并珍惜独处的时光，他们会善用这些时间来进行反省、计划和执行任务。更重要的是心智坚毅者不需要依赖他人的支持来获得快乐和幸福，他们可以快乐地与他人共处，也可以自得其乐。一个能够独处的人内心充实，有安全感。我们既要把一个人的日子过成像有千军万马，也要把在人群中的生活，活出自己应有的精彩。

4. 每个姑娘，至少拥有一门谋生的手艺

一早在一个微信群里，看到有个姑娘在说："希望大家能帮我介绍份好工作。"我说："你想做什么，你会做什么，你擅长什么，你都不说清楚，人家怎么帮你？"她说："营业员，工厂上班都可以。"

听了她的话，让我想起几年前的一段网络流行语："年轻人，你不去创业，不去旅游，不去接受新鲜事物，不去给身边的人带去正能量，整天挂着QQ，看看微信，逛逛淘宝，拿着包月的工资，干着不计流量的工作。千篇一律地重复着昨天的生活，干着80岁老人都能做的事，等着天上掉馅饼的美事，你要青春有个毛用？"

看头像应该是90后，我先发了个吐血的表情，然后说："这就是你说的好工作？像你这个年龄，花一点时间去学一门手艺，有了手艺，不怕找不到工作，还可以看准机会跳槽。"

她说："我不知道自己能学什么？"

看，这就是根源，一个连自己想干什么都不知道的人，别人如

何帮你找工作？我说："像女孩子，可以去美容店学做美容师，环境好，又能学些自我保养知识，等积累了一定客源，还可以自己创业，在这个人人想当美女的时代，这个行业暂时不会被淘汰，毕竟机器无法代替人手在脸上按摩；另外，也可以学些简单的财务知识，能够熟练操作 Word 和 Excel，这样可以去应聘简单的办公室工作，比如统计、文员和财务输录员等，这些工作只要细心，没有多少技术含量，学起来快，如果愿意提升自己，可以在八小时外再给自己充充电。"

她听我这样说，好像很委屈，回复道："我是真心想找工作。"

我不再言语，有些人本来就不在同一个频道上，你多说只会显得自己蠢，这些话，原本应该是她妈几年前对她说的，却还怀疑我的好心。

龙应台曾给她的儿子安德烈写过关于读书的一段话："孩子，我要求你用功读书，不是因为我要你跟别人比成绩，而是因为我希望你将来能拥有选择的权利，选择有意义、有时间的工作，而不是被迫谋生。当你的工作在你心中有意义，你就有成就感。当你的工作给你时间，不剥夺你的生活，你就有尊严。成就感和尊严给你快乐。"

记得我老房子对门有个邻居，那时她的女儿十五六岁，那女孩子长得清清秀秀，邻居每次做家务，总是让孩子帮着一起做。有一次我又看到这一幕，我对邻居说："你家囡囡真乖，这么小就帮你干家务。"

邻居停下手中的活，认真地对我说："记得小时候，我妈妈教我做家务，妈妈总是说：'孩子，你得学会做家务，如果你不会做家务，等以后嫁了人，婆家人会说你没家教。'那时，虽然不愿做家务，却也只能学着做，怕嫁人后被人说没有教养，丢了娘家人的面子。现在我让我的孩子学着做家务，并不是为了让她以后讨好婆家，是让她有做家务的能力，我倒是希望她以后生活中有能力雇保姆。"

邻居的话值得点一万个赞，她妈妈所处时代的教育和她所处时代的教育，随着社会变化，应该是不一样的。现代社会，男女在社会的工作差距，已经越来越小，许多家庭的家务都已分工合作，早已没有了"男人做家务，脸面都扫光"的传统思想了。

她接着说："平时我对女儿说，你要好好读书，学一门专业，这门专业是你养活自己的手艺，如果你有能力获得更好的生活，可以放弃这门手艺。精湛的手艺会随你一辈子，如果有一天，你获得高额回报的工作失败了，比如企业亏损、投资失败，你无法从事后来选择的行业时，你可以重拾手艺去解决温饱，如果有斗志，可以在解决温饱的同时，再寻找机会，东山再起。"

确实，父母是孩子最好的老师，原生态家庭对孩子的成长至关重要。像我邻居这样教育孩子，教会了将来走向社会的孩子，选择可进可退的方法，无疑，这样的方法会减少很多风险。

几天前我在街头碰到过这对邻居母女，当年的小姑娘已经长得亭亭玉立，邻居告诉我，女儿大学毕业后，在一家会计师事务所里做会计。我说："这工作挺适合姑娘家的，不错，好好干，再过几年，说不定你老板就给你加薪升职了。"

姑娘笑笑没说，邻居说："她想开家小小的咖啡店，我支持她，年轻人就该有创业的念头，不管成败如何。趁着今天周末，就上街看看，有没有合适的店面。"

我笑着说："果然按着你以前的教育发展了，不过这样挺好，工作之余搞个副业，等收益稳定了，可以脱产，也可以不脱产，这是把风险降到最低的投资。"

一个人至少得拥有一门精湛的求生手艺，不至于让自己不断地找工作，一个连找什么工作都不知道的人，就只能做些没人干的岗位，即使有好的岗位，你也不会。

就像微信群里的那位朋友，让大家帮她找份好工作，她认为的好工作，居然只是营业员和企业员工，这些普通岗位，在我们这个经济还算发达的小城，根本不需要介绍，只要自己愿意，去劳务市场一趟，或者打开本地网站招聘网，招人的单位多得不计其数。现在，很多单位，缺少的就是一些没有技术含量工资又不高的工作岗位。

连工作都不愿去找，却开口让别人帮忙的人，如果我是单位领导，即使有这样的岗位也不要这样的员工。这是个看能力生存的社会，有能力的吃香喝辣，没能力的吃粥喝汤，想要现成的，那就喝西北风吧。

5. 八小时之外的时间，决定你的生活高度

当我接通电话后，听出是几年没有联系的高中同学文小鱼时，脑子里第一个闪过的念头是，几年没与任何同学联系的她，突然来电话，只有一种可能，借钱。

我和她读书时关系比较好，心直口快的我，脱口而出："小鱼，你是不是遇到困难了，你说，只要是在我力所能及的范围内，我肯定帮忙。"

那头传来愤愤的声音，她说："岸秋，你把我当成什么人了，亏我把你当朋友，你却这样损我，你心里怎么这样阴暗，难道就不能往好处想吗？"

说实话，我真没什么能把她往好处想的。她都结婚好几年了，孩子也有了，难不成是二胎向我报喜，这也没必要啊。我说："说吧，别卖关子了。"

她说："谁卖关子，不是一直是你在说嘛，都没给我说事的机会，给我新家的地址，我现在过去。"

"现在过来，不是借钱，那是什么？"当我说完这句话，才发现自己有时确实是木鱼脑袋，可是想收回已经来不及。

"告诉我地址，别啰唆，我马上过去，见面聊。"我把新住处的地址发给了她，十几分钟后，我家的门铃响了。

打开门，门口站着多年不见的文小鱼，白皙的脸上，温和的笑容，垂肩的长发，高雅端庄，与高中时扎马尾的她，完全变了个模样，浑身上下透出女人的气质和优雅。岁月这把杀猪刀，虽然在她身上留下了很多痕迹，可是剔除的是年轻的浮躁和轻狂，赠予的是成熟的淡雅和恬静。

我把她让进客厅，她递给我一本书，作者赫然写着"文小鱼"，我瞪大眼睛看她，她笑着说："我出版的诗集，第一个就想到送你。"

我和文小鱼是高中同学，那时两人都喜欢文学，自然就成了好朋友，高中毕业后，她直接找了家单位上班。起初，大家还联系，后来只有我打她电话，没有她打我电话，还常在电话那头说忙，为了不让自己有热脸贴冷屁股的尴尬，我也不太联系她了，结果是渐行渐远渐无书。而她，也真没有再联系过我，我好几次猜测，是不是自己在某个地方，不小心得罪了她。

我说："这几年你都干吗去了？都不和我联系，我常在想是不是无意间哪里得罪你了，可是想想你又不是那样的人。"

她说："你知道，我一直喜欢阅读，这个习惯延伸至今。前几年，我迷上了诗歌，喜欢它高度集中概括反映社会生活的文学样式；喜欢它抒情言志，饱满的思想感情；喜欢它丰富的想象、联想和幻想；喜欢它语言的音乐美。那段时间沉迷于诗歌中，除了上班吃饭，整个世界就只有诗，不但阅读了大量中外诗人的诗，还开始尝试着自己创作。这一来，哪还有时间顾及其他。"

"这一来，你这个诗人，就住到了疯子的隔壁，玩物丧志，忘记了身外的世界。"知道是这个原因，我打趣她。

她笑着说："不要笑话我，只要不误解就好。在写诗的路上，遇到一个在一家诗刊做编辑的诗人朋友，看了我的诗后，给我提了不少的意见和建议，再加上自己大量的阅读和研究，去年，在那朋友的帮助下，我的诗集终于成功出版。"

时间，对于每个人来说都是公平的，一天二十四小时，谁都不多一分钟，谁都不少一分钟。有人把这二十四小时分成三个八小时，第一个八小时用来睡眠，这八小时对每个人来说都没有多少区别，是正常人的日常生理需要，这八小时只有好梦与噩梦的区别；第二个八小时是上班时间，是人们为了饭碗而不得不工作的八小时，或许我们可以称之为理想，可是更贴切的说法是为了生存，这八小时除了岗位不同，职位高低外，大部分人都做着各自的工作，没有多余空间发挥自己；第三个八小时除了吃饭上卫生间外，每个人的活法就大不一样，有的人呼朋唤友，一醉方休，有的人麻将桌上金戈铁马，有的人陪着家人温馨度日，有的人却在为梦想努力拼搏。

前面两个八小时，反映了大家现有的生活状态，真正决定人与人之间差距的，是工作和休息之外的八小时，每天利用这段时间的几个小时，去做自己想要做的事，开始时或许没有发现什么不同，可是随着时间推移，在日积月累中，却往往能收获巨大的成绩。而只做好八小时工作的人，是很难再有发展空间的，即使是那些在单位上班的人，得到提升的或重用的人，往往都是在八小时外还在努力的人。

这让我想起另一个高中同学丁当，从一所普通艺校毕业后，去一家私人幼儿园当了幼儿老师。当时她家有个亲戚在一所公立幼儿园当领导，希望她加强自身综合素质后，去那幼儿园参加面向社会招生的专职老师，在现有公务员和事业编制考试严格按照相关要求招生的情况下，虽然不能明显偏袒熟人，可是在面试环节还是有适当优势。

公立幼儿园和私立幼儿园的差距，自是天壤之别，她父母希望她能好好训练一下自己的专业知识，抓住机会去尝试一下，可是她觉得八小时内的工作已经挺累了，再也不想用休息时间去训练唱歌和舞蹈。

她父母看她不高兴，知道我和她关系好，让我帮着一起做工作。水往低处流，人往高处走，各种利弊，她自然很清楚，可是她说："我也想去好点的地方上班，那些地方工资高，工作环境好，又有面子，可是吊嗓子和练跳舞，都是挺辛苦的事。吊嗓子时口干舌燥，练跳舞时腰酸背痛，我以前吃过这种苦，再也不想去尝试了。"

大家都知道，想要干好任何一样事都是累的，可是每一份喜悦里饱含着艰辛，每一份成功里凝聚着汗水。一分付出，一分收获；没有付出，也就一无所有。

后来丁当虽然勉为其难地报了名，可是没有好好锻炼，参考成绩连中等都排不上，相差太远，即使有亲戚在当领导，也无法帮忙。一个自己不肯努力的人，别人是没有办法帮助你的，如果懒得伸出手，即使好运想拉着你前行，都找不到你的手。

台湾知名作家侯文咏建议大家，每个人要给自己设立一个研发部门，就像各个单位设立的研发部门，或许你现在投入的时间、精力和金钱，不能马上产生收益，可是在不断的积累中，总有一天，你会惊喜地发现，你研发出了一种新的产品，这种新产品，给自己带来全新的喜悦。

　　合理利用工作之外的八小时，一定能够改变原有的生活状态，只要懂得这个道理，并且能够马上行动，什么时候都不迟，哪怕从现在开始。

6. 学一门才艺，做一个特别的你

舅妈一直耿耿于怀十几年前家庭经济状况不佳，没有让表妹飞亚学一门才艺，看着长得亭亭玉立的表妹老是叹气。看电视时，只要那些表演琴棋书画的女孩一出现，就更显懊恼，好像如果当初表妹学了其中一样，就能和她们同台表演一样。

那天我去她家，舅妈又念叨起来，每次听到舅妈念叨这事，飞亚就感觉唐僧念咒一样难受，可是她又不能发作，因为舅妈总是一脸愧疚，看着母亲对这事几年无法释怀，那天她说："妈，为了弥补你的遗憾，我决定选择学习一门才艺，明天开始，以半年时间为证。"

舅妈一听这话，两眼放光，脸上顿时喜笑颜开，忙问表妹："当真？"表妹对天对地对她妈发誓完毕，对着我说："姐，你做证，半年后的今天，来我家看我汇报演出。"

我点头说："好。"当然这话是真心的，不要说这了去舅妈十几年的遗憾，对一个姑娘来说，学一门才艺，还能提升自己的气质和内涵。人生唯一只赚不亏的投资，就是投资自己。

舅妈问表妹："弹琴还是跳舞？你手指纤长，弹琴不错；不过你身材修长，跳舞也好。不过妈妈不来管你，雕塑、绘画、书法，随便哪样都行，只要不是歪门邪道。"一开心，连舅妈都幽默起来。

表妹说："妈，你就不要操心了，半年后，自然见分晓，有表姐做证，难道还怕我赖？"我对舅妈说："我们要相信她，既然表妹说了要学，她肯定会学，学到的东西，好处全在她身上，别人又抢不走，百利而无一害的事，她干吗不做呢。"

舅妈看我这样说，放心地说："岸秋做事牢靠，我信得过，你姐相信你，我就相信你姐。"表妹大叫："老妈，到底谁是你的亲生女儿？"舅妈不再说话，硬留我在她家吃饭，喜滋滋地去厨房做饭了。

学习才艺是学习一种生活态度，同时也是调节抒发情绪的一种方式。现代社会很浮躁，各种欲望，各种诱惑，让大多数人忘记了自己的初衷，在不断膨胀的欲望中失去自我。学过才艺的女孩，有自信心，有安全感，能自动屏蔽一些社会不良影响，这样的人经得起各种诱惑，懂得自我欣赏，自我保护。

爱好能变成一个人的信仰，当一个人有了信仰时，看人、看事、看世界的眼光都会不一样，对生活抱着乐观的态度，能够独自面对生活中产生的问题；同时，艺术能改变一个人的气质，那种由内而外的气质，不是靠化妆打扮能得到的。

时间太瘦，指缝太宽，半年时间，悄悄从指缝间溜走了。到了半年之约的那天，舅妈怕我忘了，打电话来提醒我，让我下午早点过去。等我午后过去，表妹不在，我问舅妈："今天是周日，飞亚去哪了？"舅妈喜滋滋地说："她买菜去了，说今天给大家做饭，等吃了再表演。"

我暗暗纳闷，今天是她展现才艺的日子，怎么还有心情给大家做饭？一会儿，表妹回来了，两手拎得满满的。在舅妈家作为小辈的我，自然主动去帮忙，在院子里择菜时，欲探一究竟。谁知平时嘻嘻哈哈全无心机的表妹，这时嘴却严实，除了笑笑，不肯透露一点儿信息。

厨房成了军事禁地，除了我，谁都不让进来，几次想进来的舅妈，都被表妹果断拦住。等我按着表妹的指示，打完下手钻出厨房时，客厅里多了不少人，外公、外婆，阿姨一家、我爸妈都来了，加上大舅舅一家，大大小小、老老少少十多口人。都说儿女是父母永远的骄傲，这次聚会就见证了这句话，舅妈趁着表妹展示才艺的机会，刚好叫大家聚聚。

一会儿，表妹在厨房叫我端菜，我钻进厨房，依次端上做好的菜，先是两个冷菜，花生米和皮蛋拌豆腐，其次是糖醋排骨、西红柿炒蛋、可乐鸡翅、红烧肉、酸辣土豆丝、酸菜鱼、香辣牛肉、青椒炒肉丝、虾皮鸡蛋羹、油爆虾、红烧茄子、豆腐干炒韭黄，等我端完，才目瞪口呆，想不到一会儿工夫，表妹就做出了一桌子荤素搭配、有色有香的菜肴来，数数，整整14样菜，这时，她还在厨房里炖排骨冬瓜汤呢。

客厅里顿时香味扑鼻，大家都被吸引到餐桌旁，阿姨家十岁的表弟，更是看着可乐鸡翅，恨不得下手了，碍于礼貌，只能干着急。这时表妹已熬好汤，一声令下，斟酒倒饮料，纷纷拿筷入盘夹菜，等菜入嘴，刚刚评论还只是有色有香时，终于可以加上有味了。

大家纷纷夸奖表妹，舅妈更是笑得合不拢嘴，这时，她猛然想起正事，说："飞亚，趁着大家高兴，来段艺术表演。"

表妹问大家："好吃不好吃？"大家齐声说："好吃。"表妹站起来，拿起盛满饮料的杯子，说"这就是我半年的成绩，我的才艺表演过不过关？"

"啊？"大家都惊呆了，不是说好去学艺术吗？怎么去学烧菜了，烧菜算哪门子艺术啊？

第一个反应激烈的是舅妈，她指着表妹说："你，你，你，气死我了，这就是你学的艺术啊？"说完把筷子一放，又转向我说："岸秋，你是不是和她一起串通来骗我？"

天地良心，我也是在端菜时才醒悟过来，可是我为表妹的表演拍案叫绝，我真心地说："现在各种才艺美女被批量生产，弹琴、跳舞、书法、唱歌，这些美女中难道还缺一个表妹吗？大家看，现在饭店越来越多，生意越来越好，人的身体却越来越差，为什么？那是因为大家都不愿做饭，喜欢在外面就餐，做饭烧菜，才是一门真正的才艺，它关系到一个人的每一天，一个人照顾好了自己的三餐，心情好了，身体棒了，不是比什么都强吗？"

十岁的表弟一手一个鸡翅，嘴里塞得满满的，含糊地插嘴："我喜欢会做菜的姐姐，以后我要姐姐做老婆。"听了表弟天真的话，又想想我说的话，大家觉得有道理，又纷纷夸奖起表妹的厨艺来，舅妈的脸上又有了喜色。

当一个姑娘全神贯注地做一件事时，是最可爱的，不管是做饭还是洗衣。一个能够把烧饭做菜当成一门才艺的姑娘，无疑把女人必须天天面对的烦琐家务，提升了一个档次，能让自己及家人，每天在富有成就感中愉快地解决一日三餐，这样无疑给自己的生活增添了很多乐趣。

洗手做羹汤，可以为他，也可以为自己，更可以为任何人。"上得厅堂，下得厨房"，一个漂亮的姑娘，穿着漂亮的衣服，在厨房奏出悦耳的锅碗瓢盆乐曲时，这心情，乐了自己，也乐了家人，这才是一个特别的你。

7、请珍惜，那个抢着埋单的朋友

林如如跑来告诉我，从小喜欢写文章的她打算辞职，安安心心跟一位新结识的老师学写文章，如果一年后，还不能用文字养活自己，再去上班。我问她："你没有积蓄，不上班就没有了生活来源，饭钱、水电费、租房费等等，一日三餐都离不开钱，最少算算，一个月也得三千元，没钱，这日子怎么过？"

她说："我有个闺蜜，以前也喜欢文学，可是人家后来转弯做起了生意，她知道我还在坚持共同的梦想，愿意全力资助我，这一年的生活费她给我，让我安心追梦。"

我真心为林如如有这样的朋友而高兴，一生中，我们会遇到不同的朋友，有泛泛之交的，有偶尔同行的，有能同欢乐不能共患难的，有重利轻情义的。当然也会有一些真正的朋友，她能急你所急，忧你所忧，当你面临困难就二话不说，出手相助，这样的朋友，是人生的贵人。

我也有这样的朋友，浅小白就是其中一个。浅小白是我高中同学，我们高中在县城读。我是大山里出来的孩子，家境比较差，浅小白是城边人，父亲在政府单位上班，条件自然比我家好得多。学校旁边有很多小吃店和零食店，周末时，学校允许我们出去几小时，这段时间，那些店里全是学生。每次来校，父亲只给我生活费，没有多余的钱买零食，于是那几个小时，我总不肯出去，与其看着一大堆食品没钱享受，不如眼不见为净。

这痛苦就像《白鹿原》里的一幕。一次，鹿兆鹏给了黑娃一块冰糖，在那时，冰糖是稀罕之物，虽然鹿兆鹏家条件在原上首屈一指，可是像冰糖此类食物，也不多见。在同班同学中，鹿兆鹏和黑娃感情最深，重情义的鹿兆鹏只要家里有好吃的，总不忘和黑娃一起享受。可是那次黑娃看着手中晶莹的冰糖，咽咽唾沫，把冰糖扔进了草丛中。他怕自己尝过这次后，再没有机会品尝，那时徒留甜蜜的味道在梦里伤感。得到后却不能再拥有的痛苦，比没有得到过的痛苦更难受，于是他放弃尝试，不让自己有回味痛苦的机会。

那时的我还没看过陈忠实写的《白鹿原》，可是我和黑娃的感受一样，我怕自己面对那些食物的诱惑，在没有能力得到的情况下，会有贫穷带来的自卑和屈辱，所以宁愿不去。

可是浅小白总是拉着我一起去，看着一大堆好吃的食物，她每样总是买双份，当然一份是给我的。虽然这食物好吃，可是对我来说，总感到难受，因为我知道，我吃着她给的食物，自己却没有能力回报同等的礼物。朋友之间，不管是金钱和感情，总不能只一方付出，即使付出一方心甘情愿，可是获得一方也难心安理得。

就是在这样的矛盾中，读完了高中，对浅小白总感觉欠了她，在她面前总无法昂首挺胸。高中毕业后，大家忙着自己的事，联系得少了，最后只是偶尔联系。前段时间，因为某件事情，两人又开始频繁交往起来。同窗情深，何况是曾经的闺蜜，一等交往就像回到了从前，两人常常相约着一起吃饭逛街。或许是习惯成自然，和我在一起，不管我怎么积极掏钱，总是被浅小白压下，争抢一番，败下阵来。或许对浅小白来说，与我在一起，付钱已经成了她的习惯。

偶尔聊天，我说起高中时她常常给我买吃一事，她说，不要说以前，即使现在，和朋友出去吃饭唱歌，如果不是事先说好谁付钱，一般都是她主动付钱。她说，虽然我不是很有钱，可是我把情义看得比金钱更重，只要大家开心，多付点钱算什么，朋友之间如果太计较，又怎么成得了朋友。

真正的友谊就是预见对方的需要，而不是宣布自己需要什么。一个愿意抢着埋单的朋友，不是她钱多得花不掉，而是她把情义看得更重，她懂得朋友间最重要的不是索取爱，而是奉献爱。

物以类聚，人以群分，有的人与人做朋友，净想着占便宜。其实谁都不是傻子，你占了一两次便宜，别人不说，是别人有修养，可是没人愿意和你长久交往下去。真正的朋友就是相互理解、相互懂得、相互包容。

几年前，我参加过一个会计培训班。中午时，几个关系比较好的同学，就约在一起吃饭。那时有个姓张的人，也和我们一起吃饭，因为我们轮流付钱，等轮到她付钱的那天，她不是说头痛，就是说肚痛，或者干脆从自家带来便当，说那天肚子不好，不能去外面吃，等过了她付钱的日子，她就继续跟着混吃。

几天下来，大家就发现了这个端绪，说实话，就我现在这经济状况，如果她经济不够好，我都可以主动帮着她付那一餐，问题是她穿的都是名牌，用的手机和戴的手链，都价格不菲，从这些能看出她家条件并不差，她之所以这样，完全是因为爱贪小便宜。

自然，我们都冷落了她，开始排斥她，她也感觉到了我们的冷落，又和另几个同学一起去搭餐，可是几天后我们发现，她又落单了。

是粪总要发出臭味，哪怕你遮得最严实；一个老是想贪别人便宜的人，最终总要被人赶出局。一个人如果不去改变自身的毛病，不可能得到真正的朋友。把得失看得太重的人，在她心里利益重于情义，这些人不值得交往，一等发现就要远离。不要以为只有自己是聪明人，谁都不是傻子，不说你，是因为人家懒得理你。好朋友，能改变你一生的命运；坏朋友，有还不如没有。

和什么样的人在一起，就能成为什么样的人；想和什么样的人在一起，由自己决定，有句话说："想要了解一个人，就去看看他的朋友。"不在同一个频道上的人，无法共鸣，引不起共振，她不是你的菜，就毫不犹豫地转身离开，那些抢着埋单的朋友，是你生命中的贵人，一定要珍惜，这样的朋友，是一生的财富，在人生路上，不管何时何地，当你需要他们时，他们会用最快的速度出现在你面前，给你最需要的帮助。

真正的朋友不把友谊挂在口上，他们不会为了友谊而互相要求什么，而是愿意为对方做一切力所能及的事。这样的朋友，一辈子都要好好珍惜，一辈子，也需要几个这样的真正朋友，因为有了他们，在你面对人生风雨时，才无所畏惧！

8. 能用钱解决的事情，尽量不用人情

同学诗雅在汽运公司上班，是开往杭州站点的验票员，一天偶遇，她说："岸秋，以后要去杭州，就来找我，到时我和那些驾驶员说一下，让你搭便车。"

我说："好的，谢谢，一定来找你。"

她说："我和你说过多少次了，让你到那先来找我，你却每次买了票后才来看我。"

我说："诗雅，你的好意我领了，现在的客车都是个人承包的，那些驾驶员是给老板打工，你和他们去说，也是一个人情，如果关系不好，人家还不一定肯卖面子给你呢。"

她说："这倒是的，我和大家关系好，所以我和那些驾驶员去说，他们都会给个顺水人情，有的同事平时和他们关系不太好，他们是不肯搭理的。"

我笑着说："对啊。你又不止我一个同学，有同学，有朋友，还有亲戚，如果每个人都让你帮忙，你能帮得过来吗？"

她说："你啊，什么东西都不肯含糊，总分得这么清楚。不像小丫，每次去杭州，总是来找我。"

我说："如果你老是让那些驾驶员免费带你的朋友，其实那些师傅也要不高兴的，偶尔一两次是没事。工作和友情，有时候还是要分开来，把自己的难处说出来，大家都会理解的。"

她说："如果大家有情有义，其实帮这点忙也没事，毕竟我一开口，实实惠惠能给朋友们省钱，问题是她太气人了。她不是常在朋友圈炫耀她自己织的毛衣吗？我看着她打的毛衣挺漂亮，想让她给我孩子织一件，昨天打电话和她说了，她居然说没时间。"

听她这样说，我暗自庆幸自己做对了，平时没有为了省点钱而找她帮忙。人与人之间，不管关系好不好，人家给了你好处，你不还就是欠下了。我只好说："或许她真的忙吧。"

她说："我又没有要她在多少时间内完成，如果这段时间忙，那可以过段时间再说啊，何必要一口回绝呢。当你回绝别人的时候，有没有想过找别人帮忙的时候。"

人情这个东西，在许多时候确实能给人带来实惠，带来便利，有时候能够使复杂的事情变得简单，让烦琐的手续变得快捷。可是当人家帮了你的忙，在人家有事向你开口时，对方会觉得理所当然，这时，如果你满足不了她的要求，帮过你的人自然会觉得你不够情义。

其实人情是有总量的，总是越用越少，也越用越廉价。真正聪明的人懂得，在别人能力范围内，偶尔让人帮助一两次，对方不会觉得怎么，或许还会很乐意，如果你觉得人家为你做的只是举手之劳，不足挂齿，常常去劳烦人家，时间一长，人家就烦了。等人家有事，觉得找你帮忙也是理所当然，如果你没能帮上忙，那么两人的情义也就到此为止了。

这让我想起朋友桑耳。一天，我搭她的车去快递公司拿点东西，看到周围没有停车位，想想是中午，反正又马上出来，应该没有交警，就在路边停了下来，结果前后不到十分钟，等我俩从快递公司出来时，车子的前挡风玻璃上果真夹了一张罚款单，她拿起罚款单，摇摇头说："防不胜防啊。"

因为那天她是帮我去办事，我觉得不好意思，就说："桑耳，这罚款算我的，我发红包给你。"

桑耳说："不要，不要，就这点钱，咱俩还分这么清楚干嘛。"

虽然她这样说，可是我还是觉得不好意思，我又说："那我给我哥打个电话，让他想办法帮你把这张罚款单清除掉。"

桑耳说："你给你哥挖坑啊，他在交警大队上班，肯定有许多人找他让他帮忙，你这妹妹还不能让他省点心啊。"

我说："我自己的车违规罚款什么，我从来不去找他，就像我哥说的，这么点钱，何必让他去做违规的事。因为我不找他帮忙，所以有些人去找他帮忙，他就说，我妹的忙都不帮。有些人不相信，来问我，我就给他们看罚款单，他们看到我哥果然连自己的妹妹都不帮，也就不好意思再开口了。"

桑耳说："许多公务员犯错误，往往是身边的人没有给他们挡住，或许一开始只是在违纪的边缘，等时间长了，就越来越靠近违纪，最后做了违纪的事还不知道。开车罚款，一不小心就有的事，去财挡灾，说不定是好事呢，何必求人把好事免了。等以后有钱解决不了的问题时，再找你哥帮忙，到时你不开口，我还来求你呢。"

曾经有一句话说："人与人之间的情感，是麻烦出来的。"其实人与人之间的情感，是彼此尊重、彼此理解、彼此懂得中逐渐加深的，如果一点点小事就老喊人帮忙，等以后有了大事时，人家就不一定肯尽力了。

就像我有个邻居，那时孩子去公立幼儿园读书，要交八千元的赞助费，她舅舅在教育局工作，如果她舅舅去和学校领导说，学校领导应该会给他面子而不收赞助费，可是她没有去找舅舅，而是直接交了钱。

当其他邻居知道此事后，都说她傻，确实，八千元钱对一个普通家庭来说，不是一笔小数目，亲舅舅能解决的问题，却宁愿掏钱。后来谈起此事，她对我说，我打电话让舅舅帮忙，那就必须去他家，去他家时总得买点东西，还得选个合适的时间，到时我舅舅又要给学校领导打电话，这样我舅舅就欠了那领导一个情，等那领导有事找我舅舅时，我舅舅就不能拒绝，这样绕来绕去，多少麻烦，现在我只是交了八千元钱，给大家省了很多麻烦，这样不是更好。

是啊，欠别人的钱等有钱时可以还掉，而欠下的情有时候却还不掉，给别人少点麻烦就是尊重别人，尊重别人的同时，别人也尊重你，当你把人情看得很廉价的时候，自身的价值也会变得廉价。在漫漫人生路上，如果可以，我们毕竟还是要有点骨气，能够依靠自己完成的事，就不去求别人。

能用汗水解决的事，不用泪水解决；能用金钱解决的事，尽量不用人情。人情，要和钱一样，用在刀刃上。每个人需要积累一定的人脉，当金钱解决不了问题时，在走投无路的情况下，再动用人脉，这时人情会显得更有价值。

别人帮你是情分，不帮是本分，不要时时刻刻都去消耗宝贵的人情，毕竟谁都不是谁的谁。能用钱时，尽量用钱，不要让别人觉得自己是个爱贪小便宜的人，这样自己活得坦坦荡荡，实在用钱不能解决问题时，再用情。身边来来去去的人，我们要学会运用，却不能常常利用，在紧要关头时，却能发挥其最大的作用，这样才是做人的高明之处。

9.不要为失败找借口，要为成功找方法

　　去年学考驾照，我们这批只有我和小师妹两人，一辆车两三个同学是最好了，训练时间充足，又能相互探讨学习。经过一个月的训练，就到了科目二考试的日子，考试前一天，师傅带我们去考场训练，考场训练每人要缴三百元钱，训练时间半天。

　　有人把考驾照比喻成学生高考，光这个比喻就足见驾照的难考了，在四个科目考试中，科目二场地考又是最难考的。希望自己能够马到成功，那天科目二场地训练时，我请了一下午的假，打算利用考试前的最后一点时间，好好练习。

　　场地训练是从中午十二点开始，到下午五点结束，那天阳光灿烂，天气炎热，为了第二天能够顺利过关，我是抓住一切机会训练，实地训练效果很好，几个来回下来，我和小师妹都顺利过关。到了三点，小师妹对我说："你看现在模拟考试，基本每次都能过了，我相信明天一定能考出来，再练下去也是浪费时间，我们回家吧，这样我下午还可以去上班。"

我说："明天就要考试了，只剩下这么点时间，何况在考场练，效果会特别好，我们还是多练一下，你就不要去上班了，万一考不过，一切都得重新来，那样既浪费金钱又浪费时间，如果我们尽力了，考不出也是没有办法，如果不好好练考不出，到时要后悔的，今天我们就练到五点钟吧。"

小师妹说："我们现在按着考试步骤训练，不管是坡道起步和定点停车、直角转弯、曲线行驶、侧方停车，还是倒车入库，都做得很到位了，十次也就一两次没有过关，相信我们明天一定会考出来，这天又热，我们还是回家吧。"

我还想劝阻，可是小师妹直接找教练去了，教练过来说："这场地训练费你们每人付了三百元钱，可以学到五点，现在才三点，你们要回去，有信心考出来？这实地训练效果是最好的，在这里练一个小时，比在驾校训练一天都强，你们决定要回去？"

小师妹说："我们现在训练得很好了，明天一定能考出来。"教练征询我的意见，我看小师妹这样回答，也不好意思说留下来再练，因为考场在郊区，交通不方便，来回只能坐教练的车，如果我和教练留下来，那小师妹就回不去；如果小师妹和教练先走，到时我就回不了家。看小师妹坚持要回家，我就只能点头同意了。

第二天上午考试，我抽到的号在小师妹前面，第一轮在直角转弯失败后，第二轮我顺利过关。小师妹那天发挥失常，居然两轮都在坡道起步和定点停车上失败了。只要考试，总是几家欢喜几家愁，成功和失败，概率一样。

没有通过考试的小师妹，心情可想而知，一路上唉声叹气，我安慰她："不要难过了，考驾照本来就不容易，场地考是最难考的科目，第一次能过的人不多，像新闻里有个人，考了十三次都没有考出来，接下去你好好练，争取下次考出来。"

小师妹说："我今天运气不好，穿了双方口鞋，有点大，太宽松，踩不住离合器；为了讨彩头，还故意找了条红色的裤子，哪知道太紧，腿脚伸缩不自如；还有，我马上到生理期了，生理期前几天，情绪容易紧张，一紧张，昨晚没睡好。各方面原因综合在一起，直接影响到了今天的考试。师傅平时说训练时我技术比你好呢，你考出来了，是因为你运气好。"

听了她的话，我差点大汗淋漓，任何考试我认为都是实力加运气，而运气是在平时努力过程中积累起来的。如果她只把别人的成功看成是运气好，而把自己的失败看成是运气差，这种心态就是错误的。

每个人都有缺点，认识自己的缺点是最难的，可是面对失败，却不是从自身找原因，而把失败归结到其他不足为道的因素中，那么失败就永远无法成为成功之母。只有正确面对失败，在失败中找出自身不足，从而通过努力，去改变自己，这样才能让失败具有价值。

这让我想起几天前小师妹和我说的一件事。小师妹喜欢文学，有一大群文学圈的朋友，那天她和我说起一个她认识的朋友现在从事了专职写作。现在网络文学凌驾于一切文学之上，传统文学却每况愈下，她告诉我她朋友是写出版文的，我听后说："能靠出版文养活自己的人，很厉害。首先，目前出版文稿费普遍不高，收入不可能很丰厚，说明她淡泊明志；其次，从事文学的人，要有一颗善于独处的心，就像安妮宝贝说的，从事文字的人，都是孤独的人，确实，如果一个人无法让自己沉淀下来，是无法从事这个行业的。"

她说："我不会专职从事写作，我只是把它当作爱好，不是有人说，工作是老婆，爱好是情人嘛，如果把爱好当成了工作，就等于把情人变成了老婆，迟早这颗朱砂痣要变成蚊子血。何况我眼睛也不行，不能老是盯着电脑，最重要的是她孩子读小学了，有她婆婆接送，我孩子读幼儿园，除了自己，没人帮我接送孩子。"

我说："如果你想做，你就不会东想西想，只会埋头去做；如果你不想做，一切都可以是借口。许多成功的人，他们是每天坚持用一小时时间去做自己想做的事，在时间的推移中，一点点积累，许多时候希望是在坚持中产生的。你说眼睛不好，其实电脑盯得长，每个人眼睛都会痛，像雪小禅也得了干眼症,任何东西都是有得有失。"

对小师妹来说，不管她学车，还是写文字，都在找一些不足为道的借口，真正想要成功的人，不是为失败找借口，而是为成功找方法。每个人都有不足，不足并不可怕，而一个不愿面对自身不足的人，却是可怕的，因为她无法改变自身不足，从而无法让自己变得更优秀。

如果一个人总是把自己的失败归结为运气差，而认为别人的成功是运气好，却不知道运气原是隐藏在努力奋斗的过程中，她就无法找到让自己成功的支点。一个人盲目相信自己，却不肯踏实前进，是成功路上最大的障碍。今天的成绩是昨天努力的结果，今天的努力又决定明天的成绩，如果一个人只对今天的成绩不断抱怨，却不愿采取行动去努力，那明天收获的还是只有抱怨。

出了任何问题都要从自身寻找原因，而不要为失败找一大堆借口，没有谁能随随便便成功，所有成功的人，一定有过一段黑暗的日子，在黑暗的日子里负重前行，只不过别人没有看见而已，对于那些脚踏实地、努力奋斗的人，机会总会向他们抛出橄榄枝，成功也一定会属于他们。

10. 努力让自己成为他人生命中的贵人

　　许多人在同一岗位上，勤勤恳恳、踏踏实实一干就是好几年，却始终得不到提拔重用，看着一些后来者工资比自己涨得高，职位比自己升得快，真是想想都郁闷。我的朋友梅梅，每次相遇，总是抱怨同样的问题。这次来，她又说起了这件事，她问我："岸秋，在这个拼爹的年代里，你认为还有必要好好干吗？"

　　我说："在任何一个时代，认真干是唯一的出路。如果你觉得因为没有人脉，认真干都得不到重用，那么告诉你，如果你不认真干，你就直接出局。"

　　她叹口气道："我平时认认真真工作，在同一岗位上一干就是五年，可是始终在老位置上，拿着几年不变的工资。有几个工作不如我的，因为在单位有亲戚当领导，却被提拔、被加薪，想想都气人。"

　　我说："人脉当然重要，在同等条件下，有人脉和没人脉肯定不一样，这个你自己想想，如果有一天你有权利选择下属，同样能力的，你肯定会看关系，如果能力不一样，那与你关系再密切，你都不会重用，因为这关系到你自己的前程，每个人不可能会搬起石头砸自己的脚，最重要的永远是能力，有能力才有被重用的希望，没能力，最多的人脉都没用。但是，一个人永远不要松懈自己，你有能力得不到重用，这不是你的错，也不是我们能掌控的；如果有一天，当有贵人出现时，你却没有能力，那就悔之晚矣。机会总是留给有准备的人，你有能力，等有机会时就可以乘势而上；如果没有能力，就永远不可能有机会，所以不管何时何地，都要做好自己。"

她说："努力也这点工资，不努力也这点工资，你做得再好，领导也看不见，我本来勤勤恳恳地工作，现在和其他人一样，得过且过，工资到手就行。"

我说："大部分人都和你一样的想法，当你和大部分人的想法一样时，你就成为普通人中的普通一员，别人怎么想怎么做是别人的事，自己怎么想怎么做是自己的事。当你在抱怨遇不到贵人的时候，你想想，当贵人出现时，如何在一大群人中一眼看到你？"

梅梅听我这样说，叹口气道："话是这样说，这道理我也懂，可是人在看不到希望时，总容易松懈。"

我说："对，然后越松懈越看不到希望，最后形成恶性循环，许多时候，不是看到希望才去努力，而是因为努力了才有希望。对的事，就始终坚持，不要被大众所改变。之所以大部分人成为普通人，是因为他们只有普通人的思想、普通人的眼光。当你的思想和眼光与大众不一样时，才会逐渐显露出你的独一无二来，才会有别于大众的气质和修养。"

在企业上班，对于一般员工来说，确实存在着这样的悲哀，有时候尽力做了，领导没有看到，当你没做时，却被领导看到了。这时，我们会觉得得不偿失，很多原本积极向上的员工，在工作中慢慢放弃积极努力，变成普通人中的一员。

时势造英雄就是这个道理，在平淡中许多人反而把自己的才能淹没了，其实，当一时得不到相应报酬和重用时，我们要把眼光放长远，不能只看着眼前利益，一个人最重要的是能养成好的习惯，就像小时候老师教育我们一样，要老师在与不在一个样。当我们走向社会时，也应该像老师教育的那样，不管别人怎么看你，做好自己的事，才是唯一的真理。

别人怎么看是别人的事，自己怎么做是自己的事，不能因为别人的看法，就改变自己的行为。一种品质的形成，对一个人的整个人生都会有很大的帮助，当我们在抱怨没有人脉没有贵人时，为什么不努力让自己成为别人的贵人呢？

每个人都想遇到生命中的贵人，想靠他人来改变自己的命运，让自己有更好的生活，这种想法没有错误。可是贵人并不是天生的，许多别人眼中的贵人，在成为贵人之前，也是一个普普通通的人，不过他们愿意改变自己，并且尽力去帮助别人。

贵人，并不是说一定能改变别人的命运或人生，你能在某一时刻，帮助别人，就是贵人。它可以是牵引着一位盲人过马路，可以是给扫地的阿姨一杯冰水，一次小小的善举，就能让自己成为别人的贵人。

朋友小卡，原本是十字路口一家饮料店里的营业员。去年夏天一个正午，正在上班的她，看到一位穿着朴素的农村老人，满脸大汗地坐在店面前的一棵大树下，看着这位老人，小卡想到自己在乡下务农的父亲，赶紧给老人送去了一杯冰水。

老人看着善良的小卡，接过她的水时，问小卡要二十元钱，说自己来城里钱包被偷了，没有路费回家，小卡听了，二话不说回到店里，从自己的皮夹里拿出二十元钱送给老人，担心老人没吃中饭，又从店里拿了些糕点。

当小卡拿钱给老人时，同事们都劝她，说现在有很多骗子，装着可怜骗取同情，从而达到骗钱的目的，让小卡不要糊涂，小卡说，即使被骗，也就二十元钱，万一是真的呢，自己良心怎安？

这件事很快就被小卡忘记了。有一天，那位老人居然带着一个衣冠楚楚的中年人找到小卡，那中年人是他儿子，他儿子是小城一家商场的老板。当他父亲回家告诉他这件事时，这老板让父亲带他找到小卡，邀请小卡去他那里上班。真诚善良的小卡去那里上班后，对工作依然勤快热情，半年后，被老板提拔为片区经理。

许多人认为自己不得志是没有遇到生命中的贵人，遇到贵人确实是好事，他可能会改变你一生的命运，之所以称为贵人，就是因为稀缺，这样的人在生命中可能一辈子都只能遇到一两个，或者一辈子都遇不到。可是要贵人发现你、赏识你、提拔你，最主要的是你自己必须是可造之才，如果自己是扶不上墙的烂泥，再多的贵人和人脉都没有用。

其实，我们不能只盼望遇见贵人来改变自己，而是要努力让自己成为别人的贵人，当自己帮助别人时，有时候别人也会帮助你。当然，我们帮助他人并不是为了获得回报，一个愿意帮助别人的人，心地善良，为人谦虚，这样的品质每个人都会喜欢，所以也在为自己遇见贵人而创造条件。

每个人都可以是你的贵人，你也可以是别人的贵人，贵人，并不一定要位高权重才行，有时候一个拥抱，一个微笑，就能改变他人，这就是贵人。一辈子，能遇见贵人是幸福的，可是我们要努力成为别人的贵人，让自己成为独一无二的自己，拥有独一无二的幸福。

第三章

微笑着前进，去遇见想要的幸福

人生总会有跌倒，命运总会有沉浮，
每一次流泪，都让自己更坚强。不怨过去，
不问去路，在安静中绽放生命之花，微笑
着前进，去遇见想要的幸福。

1、下一站，遇见你想要的幸福

那天中午，我去楼下丢垃圾，看到一个捡废品的阿姨，从垃圾桶里翻出一些书籍。她看到戴着眼镜的我，觉得我应该是个知识分子之类的人吧，指着那些书籍对我说，小妹，这些书很干净，丢了多可惜，你拿回去看吧。

我摆摆手说，谢谢阿姨，我不看书。说完转身要走。阿姨看我要走，急急地说，小妹，你看，这书多新啊。

她一边说一边抖动着手里的书，这时我看到一页淡蓝的信纸，从书中落下。出于好奇，我走过去捡了起来，主人的字很清秀，一看就是女人的笔迹。在这个通信工具很发达的时代，写字的人已经不多，我对这文字的主人，便有了几分好感。接过书，捏着信纸，走回家，坐到沙发上认真地看起来，这应该是主人随手写的感想，文笔优美，感情真切，内容如下：

大志离开我整整一年了，我一直住在他的房子里，按月付他房租，亲戚朋友见了我都说，人家都要结婚生子了，你空守着一套房子，有意思吗？离开那儿，换一个地方，换一种心境，给自己一个机会，也给等着爱你的人一个机会。

昨天晚上，夜深人静。我打开灯，靠在床上，环顾着这间给了我幸福和伤痛的房间：白色的天花板，深棕的壁橱，银灰色的床。床头，五朵棕榈叶做的玫瑰，都是盛开的姿势。记得买花的那个夜晚，我和大志看完电影出来，大街上有个大叔，一边用棕榈叶折着玫瑰花，一边大声叫卖，看到年轻的情侣走过，吆喝得更是起劲：走过路过的朋友，请你停下来看看，鲜艳的玫瑰容易谢，我做的玫瑰永远开，好比你俩的爱情，天长地久伴你行。

我觉得他的话有道理，鲜艳的玫瑰花期短，这样的玫瑰，哪怕搁置几十年，永远都是盛开的模样。我让大志买下五朵花，当时我举着花对大志说，等它谢了，我们才肯分手。大志捏捏我的脸说，嗯，花儿不谢，我们不分。

那话犹如在耳边，玫瑰依旧在案头，只是花朵已经蒙上尘埃，爱情早已远走，玫瑰尘封，即使不谢，再恣意的开放，都没有了意义。

我静静地想着和大志在一起的日子，每天早上他给我买好早饭，放在床头；每天晚上，按时围上围裙在灶前打转；然后洗碗洗衣服，打扫卫生。在他做这一切的时候，我却舒适地躺在沙发上，一边听音乐一边看书。有时候走过去，抱着他，仰着头，甜蜜地对他说，你把什么都做了，剩下我就是好好爱你，一心一意爱你。大志大声说，对，只要有爱，够了。

在光怪陆离的世界里，在纷纷扰扰的生活中，我像一只快乐的蝴蝶，在自己的花园里飞舞；又像一只快乐的小鸟，叽叽喳喳，忍不住告诉每一个朋友，我有一个待我如宝的男友。

那个时候，我还没有看过电视剧《奋斗》，不知道马伊琍最后爱上佟大为，是因为她的好友王珞丹不断地对她说着他的好，从而使她起了觊觎之心。我把《奋斗》里的故事搬到了现实中，在我不断向闺蜜描述着大志的好时，终于在某个晚上，闺蜜找上门来，告诉我大志爱的是她。

我清楚地记得那个晚上，朋友说完，摔门而去，我跌坐在沙发上，目光无处着落，头顶的日光灯，就像舞台剧上的灯光，白花花的形成一个圆罩着我，其他地方都是阴影部分。我终于深刻地领会到，什么是呆若木鸡，那一刻你没有灵魂，没有思想，没有自我，整个世界处在空灵之中。

等我醒悟过来，已是后半夜，我发疯一样打大志的电话，开始他还接，却在我的追问中，支支吾吾，后来只接不说，最后直接关机。

这是一个鸡汤泛滥的年代，当女人们在朋友圈里趾高气扬地说："一个女人，在物质上不依赖你，经济上不依赖你，精神上不依赖你，那么请问要男人干什么？我们又不缺祖宗……"

这个时候，男人们一样也在责问，难道我们就缺祖宗吗？我们可以惯着你，也可以甩了你……

思绪行走至此，突然电话响了，是朋友阿凤打来的，她告诉我她男友劈腿了，她正在我家小区外面的湖边，她想和我说说话。我来不及自己伤感，一跃而起，冲出家门，来到小区外的湖边，在我们常站的桥上，见到了阿凤。

我知道她也有一个好男友，一样给她买早饭、烧晚饭、洗衣服，把她当公主一样供着。阿凤见了我，唠唠叨叨地和我说着他的好，一句话，什么都好，可是他劈腿了。

阿凤说，我一直觉得你傻，他都离你而去了，你还守在这里，负心的人已经远去，伤心的人独自徘徊。可是今天，我终于读懂了你，爱有多深，伤有多重，可是我不会学你，沉沦于过去，只能埋葬自己，他能无情地离开，我就能果断地前行。小至，你不负爱情，爱情却负你。我深夜找你，就是想对你说，即使整个世界辜负了你，也请你，不要负自己。

阿凤说完，给了我一个深深的拥抱，头也不回地走了。黑暗中，阿凤的影子很快就被夜色吞没。

回到家，毫无睡意的我，认真地打量每一个房间，打开每一个橱柜，最后一个橱柜里，是他的衣服，当初他走时，一件衣服也没带，而这个橱柜，成了我的禁区。

我望着橱柜里的衣服，那些熟悉的服饰，已没有了熟悉的味道，封闭了一年，我闻到的是一股难闻的霉味。电影早已落幕，那些华丽的道具，已成废物。

这时，我好像卸落了千斤重担，有了飞翔的欲望。一些曾经让我踟蹰不前的障碍，在瞬间化为乌有，我看到一个崭新的自己。爱情中的男女，就像蜜蜂和花儿，男人就像蜜蜂，在一朵花上采完蜜后，能够迅速转换目标，与别的女人亲近时会暂时忘记他所爱的女人；而女人，却是那朵枝头的花，不甘凋零，依然等待着那只蜜蜂，直到最后，在等待中失去了自我。

等得越久，伤痛越大。是一朵花，就该接受凋零，在这次凋谢中积蓄力量，等到下一次花期，再来一次盛大的开放。

一个女人，可以贪恋男人的一切，房子、金钱、豪车，等他走时，你至少拥有了物质。如果你只贪恋他对你的好，等他转身，你就一无所有。

爱情是爱情，婚姻是婚姻，如果想白首偕老，你就不能只贪一个人对你的好，爱情需要在平等中相互付出。男女就像一对齿轮，在磕磕碰碰吵吵闹闹中，渐渐适应彼此，有真情却不失自我，有感情却不是百分之一百。

每个人的心路，得由自己来走，我用一年的时间，把这段心路走完。我要离开，结束该结束的，开始该开始的。

天亮了，我要出发。

看完这封信，发现自己已经泪流满面，这一刻，我那样深切地怀念起小至，虽然我们并不认识，可是仿佛已是多年的朋友，小至，你好吗？

小至，我想对你说，不要因为一个男人的辜负，就不再相信整个世界，爱情永远存在。找对象不是找最好的，是找最合适的，那个离开你的人，并不是一定不爱你，只是遇见了最合适的。只要在路上，就会有不断的遇见，一旦那个最合适的人出现，他就会在你身边永远停留。

只要肯出发，或许下一站，你就能遇见你想要的幸福。

2. 除了自己，没人可以伤害你

这次回老家，意外遇见多年未见的可可。

可可是我邻居，和我同龄，从小一起玩大。八年前离开老家，没人知道她去了哪儿，也没人有过她的消息，就像在人间蒸发了一样。这次遇见，实感意外。

记得很多年前，我们高中毕业后去城里打工，长得漂亮的可可早早有了男友，她男友是城里人，父母开着全城最大的饭店。对那时从小山村走出去的我们来说，找一个城里的男友，是想都不敢想的，可可成了远近乡邻羡慕的对象。

当我们还住在租来的小房间里时，可可和她男友同居了。在同居的日子里，她妹妹中专毕业了，长姐如母，可可不但帮妹妹找好工作，还让妹妹住到了自己家。东郭先生和狼的故事，从来不只是出现在书本中，当可可知道男友和妹妹好上时，妹妹已经有孕在身。一直做着避孕措施的可可，在有身孕的妹妹面前，几代单传的男方家人，自然把筹码押向了妹妹。

被背叛的爱情，被撕裂的亲情，万念俱灰的可可在半夜选择了跳湖自尽，可是命不该绝，一个以城市公园为家的流浪汉救起了她。在医院的日子里，她看着父母，父母看着她。手心手背都是肉。对父母来说，哪个孩子都是心头宝，明知道她受了天大的委屈，面对已经怀孕的二女儿，以及男方希望早日抱上孙子的愿望，他们只能劝导可可放手。

明明错的是妹妹，可是所有人都站到了那一边，可可找不到活下去的理由，她在医院的卫生间试图割腕自尽。阳寿未尽的她，再次被救了下来，对有些人来说，死亡也成了一种奢侈。两次自杀未果的可可，在伤痕累累中远走他乡。

这一走，山高路远，音信全无。前几年回老家看到她家房子时，我总还是惦念着她过得好不好；再过几年，很少想起她；近几年，只是偶尔想起。时间最是无情物，一些曾经在生命中停留过的人，被时间的河流搁置在浅滩上，最后像水一样蒸发，只是在偶尔回望时，才从泛黄的记忆里，想起那些曾经的片段。

当可可在大家的记忆里渐行渐远时，却意外回了家，这一别就是长长的八年。可可的八年，是如何过来的？

晚饭后，可可来找我。在如水的月光下，我们漫步在村外的小溪边，小溪泛着银光，森林一片黛青，我和可可，两个幼时好友，牵着手，踏步在鹅卵石上。

可可告诉我，心灰意冷的她从医院出走后，登上了一列驶往远方的列车。等列车到了终点时，她只能随着汹涌的人潮下车，当站在繁华的街头时才发现自己到了繁华的深圳。她找了家便宜的旅馆，整整半个月，她除了偶尔吃点东西，大部分时间都在睡觉。半个月后，旅馆的老板娘敲开了她的房门，说了一大堆好话，让可可离开旅馆，只要离开，甚至可以退还她已付出的房钱。

可可拿出钱，告诉老板娘自己有钱，不会欠她房租。老板娘拿来一面镜子让她看，她看到镜子里一个蓬头散发、面色发青、瘦骨嶙峋的人，她不相信这个人就是自己。

可可扑在床上大哭，与其说大哭，不如说干号，她眼里已经流不出一点眼泪。可是她却感到一丝温暖，除了面前这个老板娘还关心着她的生死，再没人会关心她的死活。远在老家的父母，在自己最需要他们的支持时，他们选择了支持二女儿；而那对背叛了她的男女，或许正在庆祝她的远走他乡，为他们自行解决了麻烦。

这一刻，她对生有了强烈的愿望。她对自己说，我要活着，要好好地活着。她扑通一声跪到老板娘面前，让老板娘帮她找一份工作。好心的老板娘看她可怜，介绍她去自己亲戚的服装厂上班。

就这样，可可在一家服装厂里做了一名普通的缝纫工，每天在缝纫机的"嗒嗒"声中，她感觉自己就像一具行尸走肉，除了机械的劳动，没有了痛苦。一个受过巨大创伤的人，灵魂和肉体都麻木了，在陌生的环境里，她忘记了自己是谁。

在服装厂里上班，加班是家常便饭。对可可来说，这样反而是好事，除了干活，就是睡觉，没有怨言，没有计较，只是沉默着铆劲儿实干。

对于这样的好员工，单位领导当然喜欢，如果所有员工像她一样，管理不再成为难题。当单位销售部要招一个营销人员到杭州联系业务时，他们考虑到了原籍浙江却又肯干的可可，领导想给她一次机会。

在机会面前，可可衡量再三。浙江是她故乡，关于故乡的记忆除了伤痛，还是伤痛。可是可可知道，当一个人在苦水中泡大时，他就不会知道什么是苦；当一个人直面痛苦时，痛苦才能真正成为过去。逃避，不是拯救自己的最好办法，只有直面痛苦，抗住一次次阵痛，才能让自己成为内心强大的人。伤害，从来都与别人无关，只是自己不够坚强，如果足够坚强，除了自己，就没人能伤害得了你。

凤凰涅槃，才能永生；改变自己，才能重生。生活是一种心态，当悲观消极时，世界处处与你为敌；当乐观积极时，生活会多姿多彩。真正的强者，是用伤痛铺路，踩在伤痛的路上，含泪奔跑。与其逃避现实，不如笑对人生，与往事干杯，做新的自己。

在忙碌的日子里，生活为可可翻开了新的一页。她知道成者为王败者为寇，在洽谈业务时，她不达目的誓不罢休，一次不成，再继续，两次不成就再来。世事只怕认真两字，一个敢和自己较劲的人，没有做不了的事，那些久经商场的客户，都对这个娇小的姑娘刮目相看。两年下来，她迅速在圈子里站稳了脚，在大家都称她为"拼命三娘"时，没人知道她体内是股什么力量支撑着她。

有光的地方就有阴影，有阴影的地方就有光。无须害怕，只要面向阳光，你的面前就不会再有阴影；生活中谁没有过伤痛，伤痛，是成长的沃土，只有经历伤痛，你才能收获一个崭新的自己。

那些曾经的伤痛，在一次次撕开，一次次面对中，她找到了对抗的答案和方式。当可可在圈子里站稳脚时，果断辞职，选择创业。她注册了一个服装牌子，开了家外贸公司，做起了进出口生意。凭着积累的人脉和经验，肯吃苦，不怕累的她，生意做得风生水起。

一个女人的可怕，在于未见的几年中，要么变得不堪入目，要么变得惊世骇俗，可可，用沉默的时光，完成了一个女人华丽的蜕变。成长，是挺过所有的伤痛。在以后的路途中，除了自己，再没人能够伤害得了你。

幸福，从来都是来之不易。女人的一生，不能让某个男人成为生命的全部，没有一个人值得自己舍弃生命。爱情是奢侈品，它从来只是锦上添花，有，更好，没有，一样要让自己活成繁花似锦。失去自我，是毁灭一切的根源，该放手时学会放手，给爱一条生路，也是给自己一条出路。与岁月温柔相待，时光会惊艳你前行的路。

3. 是花，总有盛开的一天

　　我看着婚礼上的阿离，白色的大裙摆婚纱，都挡不住她那凸起的肚子，就像脸上的笑容，挡都挡不住心底流露的甜蜜，旁边穿着西服的新郎，始终用一只手扶着她，看她的眼光，比水还柔软。

　　新娘和新郎举着酒杯，挨桌敬酒。轮到我们这桌，大家站起来举杯祝贺。完毕，她得意地看了我一眼，我当然懂得那一眼里饱含的深意。生活，就是一面镜子，你笑它也笑，你哭它也哭，你认真它也认真，你勇敢它也勇敢，你以什么面目见它，它就以什么面目见你。

　　想起两年前的一天，阿离打电话给我，让我赶快过去，等我赶到她家，正看见乔彬把手伸给她，说："再见吧，阿离，不管爱情多么美好，缺少金钱的爱情犹如夜晚的烟花，只会照亮一时的天空，却无法驱逐整个夜晚的黑暗。"

　　阿离看着他，虽然脸上带着淡淡的笑，但我知道她心底肯定波涛汹涌，她问他："如果爱情跪在房子面前，爱情会赢吗？"他说：

"不会。"她再问他："什么情况下爱情才会赢？"他毫不犹豫地说："和金钱在一起。"

他的回答是赤裸裸的，赤裸到已经懒得再找借口。阿离盯着他，依然微笑着，慢慢从沙发上站起来。面对面的一刻，她收起脸上的笑容，取而代之的是一脸冰霜。她手一扬，一甩，手中的玻璃杯"哗啦"一声，成了一地碎片，用手一指门口，从喉咙里爆发出巨大的声音："滚！滚出去！"

乔彬被她突如其来的转变吓得一脸苍白，听到"滚"字，立马蹿到门口，落荒而逃。阿离两眼发直，跌坐到沙发上。愣愣看着这一幕的我，赶紧走过去，抱住她，阿离说："他找了个有房子的本地姑娘。"说完，伏在我肩上，整个身子筛糠似的颤抖不已，可是没有大哭，我知道她在拼命抑制。

我说："想哭就哭吧，哭了会好受一点。"她从我肩上抬起头，看着我说："我不哭，为什么要哭，生活从来不相信眼泪，我没嫌他没房子，他倒居然为了一套房子，做起了倒插门女婿，为这样的男人哭，不值。"

我看着她，不知道该说什么。生活的残酷，许多时候超过我们的想象，除了自己，没人知道你正承受着什么，天大的委屈，对别人来说也只是一个故事。即使遍体鳞伤，生活还得继续，在这蓝色的星球上，个体很渺小，你是唯一，这只是对自己的安慰，对这个世界来说，你只是一粒尘埃。

爱情，是两个人的事，当他爱你时，你的一言一行都是可爱的，不管是任性还是无理；当爱情远离时，哪怕你再知性和懂事，在别人眼里你都一无是处。

爱情好比跷跷板，同等的爱才能让两头平衡，当一个人放弃时，爱得深的那头就是离地面最近的一端。同时，你也被逼终止游戏，这种游戏是一个人无法完成的。如果对方决意要把你从他的生活里赶走，那么你唯一能做的就是努力过好自己，不管好不好，装都要装得开开心心，因为生活是自己的，没有人来为你分担痛苦。

阿离工作的单位是一家生产塑料管道的企业，她原本在单位做销售内勤。那段时间，刚好单位要在外省建一个营业部，阿离主动请缨去那里开发业务。开发新市场，当然不是一件容易的事，可是阿离想凭着自己的努力，挣钱买套房子。

到那里后，她用一个月时间，分析了当地的几家房地产企业，最后把第一个目标锁定在最大的一家房产公司。她想，首先，大型房产公司需要的管材量大；其次，如果最有权威的房产公司用了她单位的管材，去其他单位推销时，就是最好的招牌。

阿离去过那单位几次，那采购部经理却一直没给她见面的机会。她知道，这很正常，对于一家新单位的销售员，很少有人有兴趣。她开始调整思路，从他们单位的员工表里熟记那位经理的面容，每天上下班就在单位附近观察，跟踪一段时间后，她知道了那经理住的地方，并且知道他会在每天晚上十点左右，在旁边的一家超市买一瓶饮料。

她发现这个秘密后，就去超市应聘晚班营业员，这样一来，每当经理来超市买饮料时，阿离都能遇见他。一天，等那经理买了东西出去后，阿离赶快追了出去，气喘吁吁地追上他，把手上一张五十元面额的人民币递到他面前，说，对不起，我刚刚不小心收到了一张假钞，放在一边，不小心找给了你，麻烦你拿出来看看。

那经理从兜里拿出阿离刚刚找给他的五十元，仔细一看，确实是假钞，他接过阿离递给她的真钞，对这个长相清秀的姑娘立即有了好感。从此后，他每次去超市买东西时，都会和阿离聊上几句。

一次在聊天中，阿离告诉他自己是一个大学生，刚来这个城市，一时没找到工作，就先在这里做了营业员，不过明天她就不来了，因为她找到了新的工作，她向他要了联系方式。开始几天，阿离并没有去找他，半个月后，阿离又去了那单位，站在他们单位的员工一览表前时，阿离打通了他的电话，告诉自己成了一家单位的销售员，来这单位推销产品，没想到却看到了他的照片。

因为熟悉，那经理自然就接见了她，知道她推销的管道刚好是自己单位需要的，这时他手头刚好有一批采购任务，就爽直地和阿离签下了第一笔单子。好的开始是成功的一半，懂得顺势而上的阿离，又借机会让他把同行介绍给她。有熟人介绍，这生意自然比自己一个人单枪匹马来得容易。上天不会辜负努力的人，就像一朵花，总会迎来它的花期，阿离抓住这条藤，在那个城市慢慢打开了市场。

当一个人用努力成就自己时，爱情也会接踵而来，这个每晚买一瓶饮料的经理，是一个来自外乡的钻石王老五，为了事业耽误了自己的爱情，对真诚努力的阿离，在打交道的过程中，逐渐产生了好感。单身的男女，如果三观能合，就很容易擦出爱情之花，爱情花开，瓜熟蒂落，自然就迎来了喜悦的一天。

当每一个今天变成昨天，每一个明天变成今天时，那些曾经伤痛的日子，只是成了记忆的一部分。时间推着我们前行，我们在经历中成长，长成另一个自己。是花，总有盛开的一天，花期太迟，是因为埋得太深，积蓄力量太久，等到迎来盛开的那一天，才会发现，那花却是特别绚丽，特别芬芳。

4. 别离，是为了更好的遇见

我在火车上遇见小虾米时，她正挺着大肚子。因为漫长的旅途，两个陌生的女孩开始聊天，聊着聊着，聊到了她的爱情故事。她说，所有的别离都是为了更好的遇见，所有的遇见都是久别重逢。

故事从 2013 年的初春开始，那时小虾米的男友是青森。那段时间，青森回家的时间越来越晚，青森说，单位忙，要加班。整个夏天，懂事的她，就在寂寞的等待中度过。

期间，小虾米也曾对青森的感情有过怀疑，可是她还是选择了信任他。一天晚上，他去卫生间，把手机落在了沙发上，看到手机屏幕在闪烁，她顺手拿过，跳出的微信信息，是一个女性头像，是一条赤裸裸的两性消息。

随着这则赤裸裸的信息，过往的幸福和甜蜜消失了，生活就像骤然而至的暴风雨，瞬间风狂雨急，天昏地黑。听说，每个人心底都潜伏着一只老虎，外表温顺的小虾米，那一刻起，潜伏在心底的老虎活了，跳出笼子，凶相毕露，失去理智的她，就像嗅到血腥的饿虎。

因为全心全意的付出，让她无法原谅一个男人的背叛，耻辱和伤害，就像毒药，让她处于歇斯底里的崩溃中。她从没想过分离，以为会共同度过一生。他给她过第一次生日时，送给她一双鞋子，她在鞋帮上写着：要么不开始，要么一辈子。

张爱玲在《半生缘》里说："对于三十岁以后的人来说，十年八年不过是指缝间的事，而对于年轻人而言，三年五年就可以是一生一世。"

看着大吵大闹的小虾米，青森说，小虾米，我永远爱你，除了你，所有人都是逢场作戏。

小虾米说，所有人都是逢场作戏，除了我，我不在戏里，我在生活里。戏散时，爱恨情仇，都在谢幕时消失了，随着消失的还有所有的疼痛；而我在生活里，现实是一场永无止境的直播，我的疼痛，无处可逃，无处可躲。

被刀捅过的心口，你看不见血淋淋的伤口，可是失血的症状，在身体各处蔓延。苍白的脸，无神的眼神，黝黑的皮肤，瘦削的身材，还有随时如火山般爆发的脾气。

天堂和地狱，只有一线之隔。虽然迟归的他，让她早已感觉出了不安，可是她还是不愿怀疑他，可是当怀得到证实时，天堂变成了地狱。世界上，你真正能欺骗的人，就是信任你的人。落日，在地平线上一次次挣扎后，照例每日迎来黑暗。分手，成了最后的结局。

开始，青森还一次次向她解释，希望获得原谅，可是在小虾米一次次歇斯底里的咆哮中，终于耗尽耐心。他从开始的低声下气，到后来的大声对抗，到最后大打出手，两个相爱的人，终成陌路。

听说，曾经爱过的人，无法成为朋友，也无法变成仇人，只能存在于彼此的记忆中。

小虾米从租住了三年的房子里搬出来，走的那天，她没有回头，曾经温暖的小屋，是天堂，也是地狱。

时光依然在悄无声息中流逝，微笑却在回忆里不再散开。她用坚强当针，用时间当线，缝缝补补，补补缝缝，把碎了的心，受伤的情感，一针一针缝补。

以为自己不会再爱时，天野出现了。那已是 2015 年的冬天，她已不再穿窄裙和高跟鞋，一年四季，都是宽松的棉布裙、平底的休闲鞋。常常一个人去公园边的茶吧，习惯性地坐在靠窗的位置上，落地窗外，就是公园长长的廊桥。

天野是个画家，他说，每当没有灵感无法继续创作时，就喜欢来公园散步，很多次，他看到坐在窗边的小虾米，两手捧着杯子，要么两眼看着窗外，要么低头看着杯子。

小虾米喜欢喝龙井，喜欢看着杯子里的茶叶，在热水中慢慢地舒展身子，那些被茶农精心炒制过的茶叶，在水中恢复了本来的面目，碧绿、柔软，有着春的气息。

她常常看着窗外的世界，看着不同的人带着不同的表情，从眼前匆匆走过。许多人擦肩而过，他们不会停下来交谈，人与人之间，并不会因为曾在同一时间、同一地点做着同样的事，就能相识相知，更多的只是各自离去。

她在青森的背叛中，差点窒息，以为永远也无法原谅他。可是时间是最好的治疗师，在念念不忘中，那人渐渐远去了，时间让伤痛和恨，化成忍耐和坚强。其实，真正能伤害自己的，不是别人，只能是自己，被伤害，是因为不够强大，不够智慧。

在逐渐回归平静的日子里，天野走进了茶吧，在她对面坐下来，对她说，我爱上了你，却没有原因。

爱一个人，可以没有理由；不爱一个人，什么都可以是理由。她看着他，再低头看看自己，那一刻，她清晰地意识到，一个人不管在何时，都要以最好的状态存在，因为你不知道，那个爱你的人，会在什么时候出现。

看着面前的男人，修长的身材，白衬衣，黑裤子，干净、清爽，一双清澈透亮的眼睛，就像一个看着世界的孩子。画家总给人不修边幅的感觉，可是他却像一个还在求学的大学生。或许缝补过的心灵，需要用一场新的爱情来验证。就这样，她和他开始交往，在流逝的时间里，两颗心越走越近，爱情，终于再次拥抱了她。对爱情的最好承诺，就是走进婚姻，去年年底，他们结婚了，携起彼此的手，共赴未来。

每个人都会失败，可是一次失败并不表示永远失败；每个人都会错过，可是一次错过并不表示终身错过。他们的未来还很长，在漫长的岁月中，需要用理解和宽容去对抗婚姻的平庸，可是小虾米知道，每一个出现在自己生命中的人，都是命运最好的安排，放手过去，接纳现在，迎接未来，生命才会更精彩。

张爱玲还说过："我要你知道，在这个世界上总有一个人是等着你的，不管在什么时候，不管在什么地方，反正你知道，总有这么个人。"别离，是为了更好的遇见，在无法倒退的时光里，我们让自己变得更好、更懂事。就像免费的阳光、免费的爱情，许多美好的东西都是免费的，只要我们珍惜现在、憧憬未来，幸福就会随时来敲门。

5. 不管离开谁，明天的太阳照样升起

青磊是岑岑的邻家哥哥，比她大一个月。他们的房子，只隔一个小小的院子。小时候，青磊常常让岑岑叫他哥哥，她脆脆地叫一声，他就从口袋里拿出糖，乖乖地分她一半。

调皮的岑岑知道青磊对他好，有糖时，甜甜地叫他哥，没糖时，打死也不叫。有时候，他多分她几颗，这时，他必定要说，岑岑，今天我多给你几颗，以后没糖时，你也叫哥。

岑岑先把糖放进口袋，一边剥糖，一边点着脑袋，一边说，当然，你是我亲哥。这时，他总是把眼睛眯成一道缝，开心地伸手去抱她。

小学、初中、高中，他们一直同校同班，直到大学，原本成绩比青磊好的岑岑，可以选择好点的大学，她却选择了和他同行，因为她习惯了和他在一起。

大三那年的冬天，校园里的梅花开得正旺，空气中到处是浮动的暗香，因为古人的"疏影横斜水清浅，暗香浮动月黄昏"，岑岑对梅花情有独钟。一天傍晚，她想让青磊陪她一起去教学楼一角看

梅，可是找遍校园也没看到他，打他电话也不接。

于是她一人去了教学楼一角，顺着梅香走去，梅林里，淡淡的斜阳，稀疏的树影，浮动的暗香，不是春天，却让人春心荡漾。

岑岑依着一株梅，在梅香中想着青磊，想着那个一起长大的男孩。这时，一阵突兀的铃声响了起来，她顺着手机铃音的方向看去，看到一对相拥的男女，迅速分开，女孩从口袋里掏出手机，男孩抬起了头，岑岑看到了对面的男孩，虽然夜色朦胧，可是从身影判断，那人却是青磊。

岑岑回到学校宿舍楼附近，守在青磊必经的一个路口，等了很久，他才回来。岑岑看到青磊，沉痛地说，你知道吗？从小到大，你一直护着我，有好吃的总分我一半，从那时起，我的眼里就只有你。

青磊看着她说，岑岑，从小到大，你一直在我身边，害得别人都不敢爱我，长这么大，我从没恋爱过，我想恋爱了，从此，你就是我妹妹。但是你必须记住，不管我在不在你身边，你都要照顾好自己。

从那天起，青磊不再理她，不管她如何威胁他，她甚至说，如果你再不理我，我就跳楼给你看。可是青磊还是没有理她，最后直接把她的手机号码拉黑了。

爱情中的男女，就像关在笼子里的两只鸟，雌鸟喜欢一直待在笼子里，雄鸟却分三种：一种是始终陪着雌鸟，一辈子不离其左右；一种是喜欢不时飞出笼子去，却在兜兜转转后又回来；一种是一旦出去，就再也不回来。

岑岑知道，在情感的世界里，没有什么道理可言，是你的就是你的，不是你的就不是你的，任何勉强都没用。她咬咬牙，对自己说，鸡叫了天会亮，鸡不叫天还是会亮的，天亮不天亮鸡说了不算；你在我身边太阳会升起来，你不在我身边太阳还是会升起来，太阳升不升起来不是你说了算；你爱我我会爱自己，你不爱我我也要爱自己，爱不爱自己是我说了算。

虽然青磊一直在岑岑的心中，可是他不在的日子里，她开始把大量空余时间都留在了图书馆，看各种自己喜欢的书。她想，不管别人怎么对我，做好自己才是唯一的真理。

在静默的时光中，他们迎来了毕业季，大家都说毕业季就是分手季，对许多情侣来说，他们从此天各一方，青磊和他女朋友也没有逃过这个命运。暑假来临，他和女朋友分手，和岑岑回到老家。

回到老家的他们，各自在家乡县城找了工作，很自然，两人的联系又多了起来，以前那种亲密的关系又回来了。这样相处半年后，一个周末，岑岑打电话给青磊，让青磊给她送一支冰激凌过来。青磊在电话那头迟疑，吞吞吐吐地说，能不能等中饭后……

岑岑说，不行，就现在。

二十分钟后，手机响了，是青磊，他在电话里说，我在楼下，你下来。

岑岑说，照惯例，送上来。

青磊在那边急急地说，你下来，我还有朋友呢。

岑岑把手机往床上一甩，翻了个白眼，下床出门。来到楼下，看到门口的青磊，正欲发作，却发现他旁边站了个美女，笑盈盈地看着她从楼梯口下来。

青磊递过两个冰激凌，岑岑伸手想接，不料旁边的美女，手比她快，抢了其中一个。狠狠咬了一口，下巴一翘，对青磊说，告诉她，这是你最后一次给她送冰激凌。

青磊怔住了，张嘴看着她。美女瞪着他说，看什么看，从现在起，差遣你的人只能是我，除了我，谁都不许差遣你。

青磊在她虎视眈眈的注视下，转头看岑岑，口吃似的说，岑岑，我……以后……再也……不给你……给你……送东西了。

说完，把另一个冰激凌往她手里一塞，牵起那个女孩，跑了。岑岑拿着冰激凌，呆呆地看着他们的背影，消失在转角处。

岑岑终于知道，有的人永远不会属于你，只能留在记忆中。爱情里，每个人都该找一个适合自己的人，而不是一直去等待，没有谁离不开谁，只有谁不珍惜谁，当我们在苦苦等待时，是让自己低到了尘埃里。

冰心曾经说过这样一段话：爱在左，情在右，在生命的两旁，随时撒种，随时开花，将这一径长途点缀得花香弥漫，使得穿花拂叶的行人，踏着荆棘，不觉痛苦，有泪可挥，不觉悲凉！

爱情的途中，有时我们只是播撒了种子，却不能奢求回报，我们是一个人来到世界上，最终也是一个人离开世界，没有人能陪我们走到最后，只是有的人会陪着走得远一点。

你的过去，曾经有我，可是过去不能代表现在，更不能代表将来；你的未来，我无法把握，无法把握的未来就要学会放手。离你而去的人，除了给他一个背影，再不要回头。大步朝前，去遇见那个值得把握，并能把握住的人，把自己留给那个愿意一辈子珍惜你的人，与他携手相伴，共创幸福生活。

6. 微笑，是你对世界的最好的答复

　　遇见小慧，是因为有一次我去偏远乡下兜风，临近傍晚，我正在归途中。她因车子没油停在路边，看到我的车拦下我，希望我能帮她一个忙。她说，她的养殖场就在旁边，她是去县城买饲料回来，因为大意，车子开到这里没油了，只能去住处提油。

　　看到一个女孩孤零零地在这前不着村后不着店的地方，我的大脑里闪过几十种骗局，可是最后我还是答应帮助她。路上，我问她，她的养殖场里有什么？

　　她说，她承包了一口池塘，池塘里有鱼，也养鸭子，又在旁边租了一些田，种了荷，卖莲子。

　　我问她和谁一起干的？

　　她笑笑说，以前是一个人，现在雇了一对外地夫妻帮忙。

　　你一个人？我很惊讶，一个女孩子，是什么力量支撑她跑到这么偏远的地方来创业？我问，你一个女孩子，为什么要跑这么远的地方来，这活并不轻松？

她说，五年前，她在县城开了一家服装店，生意不错。一天晚上，当她关了店门回家，看到自己和男友租住的房间内满地狼藉，连忙打电话给男友，男友说他去福建做生意了，等赚了钱再回来娶她。她知道情况不妙，连忙打开抽屉去看存折，发现这几年的积蓄都不见了。她跌坐在地上，人心难测，她怎么也没想到，相爱五年的男友，居然带着全部积蓄跑了。她知道他不会再回来，如果一个人愿意跟你过日子，又何必瞒着你一个人走呢？

台湾诗人席慕蓉说："人生一个小小的变数，就可完全改变选择的方向。如果彼此出现早一点，也许就不会和另一个人十指紧扣，又或者相遇的再晚一点，晚到两个人在各自的爱情经历中慢慢地学会了包容与体谅，善待和妥协，也许走到一起的时候，就不会那么轻易地放弃，任性地转身，放走了爱情。"

有些人就算是你认识了一辈子，也看不清，有的人，只需要一次倾心的交谈，就能一眼看懂。不是你认识人的能力不够，而是有的人把自己藏了起来。一个把自己藏起来的人，是因为不够爱你，而一个真正爱你的人，他恨不得把心挖出来。

爱情，要么让人堕落，要么让人成熟。跌落在黑暗中的小慧，再无心思管理服装店，把店做了低价处理，接下来的日子，灰暗又苦涩。这样的日子维持了半年，刚好这里的亲戚要转手鱼塘和鸭场，不管父母如何阻拦，小慧决定接手，她只想离开熟悉的地方，独自去舔伤。

这几年里，她与山风为伴，与阳光为友，在这寂寥的乡野，一群鸭子和一条叫小黑的狗，成了她最亲密的朋友。时间抚平伤痛，时间累积财富，时间沉淀生命，在这独处的时光里，她发现了另一个世界，在城市里到处是追逐名利的浮躁和不安，在这乡野里却是简单的丰盈和淡泊的祥和。三年后，鱼塘开始盈利，她也不想再让自己那么苦，就雇了一对外地夫妻一起帮忙打理。

谁都想拥有一份能够牵手到老的爱情，爱情却是两个人的事，并不是一个人的一厢情愿，就可以换来天荒地老。可是，这段爱情走了，还会有下一段爱情；这个爱人走了，还会有下一个爱人，只要我们还能去爱，还会去爱。

一辈子很短，一辈子也很长，在这漫长的人生路上，我们没有权利要求他人一辈子只爱一个人，可是当爱情不在了，我们要做的，是别忘了爱自己。

我的朋友小米粒，是一个聪明可爱的女孩，她从大一开始就爱上同班的一个男生，四年大学后，不管家人如何哀求，她毅然跟那男生去了北方。从小在南方长大的她，到北方后一时无法适应那边的气候，老是皮肤过敏，原本水灵灵的江南女孩，皮肤变得非常粗糙。

有情饮水饱，当一个人心中有爱时，最苦的日子都能嚼出甜味。就像一杯咖啡，苦与甜，不在于怎么搅拌，而在于是否加了糖。有爱情的日子，就如加了糖的咖啡，怎么过着都是甜蜜芬芳的。

可是最轰轰烈烈的爱情，最终还是要回归到柴米油盐的平淡中。结婚几年后，落幕的爱情千疮百孔，小米粒的老公和许多俗气的男人一样，无情地出轨了。不是电视剧有多狗血，往往现实比电视剧更狗血。一个远嫁的女孩，当爱情没了时，她就一无所有。

没有朋友，没有亲戚，无处可倾诉的小米粒，终于得了抑郁症。这个世界上，当谁都可能抛弃你时，有两个人永远不会抛弃你，不管你曾经在他们的心上捅了多少刀，那就是父母。小米粒的父母，坐了几十个小时的火车，把她从北方带了回来。

前几天我去看她时，她坐在院子里，正呆呆地看着天空。我叫她，她的目光依然看着天空，只是抬起手，指着天上飞过的一群鸟，对我说，到处都有鸟，因为天空是它们的家。

我不懂她说的话，这话隐喻了什么，还是只是她独自的呢喃，可是我认识的那个小米粒已经不见了。当初那个活泼开朗、勇敢追逐爱情的小米粒消失了，取而代之的，是眼前这个目光呆滞、满脸忧伤的女人。而她母亲，心疼地看着她，只能一声叹息。

80后作家七堇年说："生命若给我无数张面孔，我永远选择最疼痛的一张去触摸。"在成长的年龄里，我们无法抗拒伤痛和失败，无法抗拒失去和无情，这是为成长付出的代价。可是在无法逃避的生活中，我们要像水一样，遇方则方，遇圆则圆，遇巨石就激起水花万点，遇大风就卷浪千尺。不管如何，不让过去左右自己的人生，而让过去成就自己的人生。

人生本来就是一个变数，我们应该学会对可能有变化的东西保持一定的距离，不让它成为生命的全部。这样，才不会让自己抛弃在时间的长河里，不管那些变数让你如何痛彻心扉，可是你必须含泪接受，然后继续前行。在前行的路上，学会微笑，保持微笑，让微笑成为你手中的法宝。这是你对世界最好的答复，拥有它，以后的人生，你将无人可敌。

7. 穿越荆棘，才会发现另一个你

　　子子向我讲她的爱情故事时，我无法拍手叫绝，也无法表示同情。许多时候，生命中的荆棘是自己亲手栽下的，可是只有越过荆棘的生命，才能寻找到另一种属于自己的幸福。

　　子子在十三岁时不小心掉到井里，是邻居比她大三岁的恒把她救上来的。从那时起，她就一直想嫁给恒。可是恒，最后却牵着大学同学玲的手，走进了婚姻殿堂。傻傻的子子，看着结婚的恒，又开始等他离婚。三十岁那年，他终于离婚了。他牵着孩子看着玲坐上另一个男人的车，那决绝的背影消失在夕阳里。他满脸伤痛如天边的鱼鳞云，一层紧挨一层，无法割离。

　　子子拉过孩子的手，走进他的小屋，淘米烧饭炒菜，熟悉得好像一直就是这里的主妇。她喜欢这种感觉，看着他一口一口吃着自己烧的菜，从十三岁开始，她就只想做饭给他吃，只想为他一人做。

　　整整半年时间，每天下班，她去他家给他和他的孩子做饭，每个周末就像一个家庭主妇，打扫卫生，辅导孩子，整理房间，然后在夕阳西下时和恒牵着孩子，行走在小镇的河边，看夜色慢慢吞没天空下的一切。

她以为自己会在这样的日子里慢慢老去，她也愿意在这样的日子里慢慢老去，可是生活不是想象，不会顺着一个人的意志而发展。很不幸，半年后，玲回来了，没人知道她和另一个男人是怎样结束的，犹如没人知道她和那个男人是怎样开始的，可是她的回来，却使子子的故事迅速有了结局。

血缘，那是永远割不断的亲情链，就像夏日狂长的草，你割得越厉害，它抽得越疯狂。那个她疼了半年的孩子，竟然在她母亲跨入家门的一刻，立即临阵倒戈。

不管子子背后的亲友团是怎样庞大，恒所有的亲戚朋友都在为她的爱情呐喊，可是恒却开始徘徊。或许是因为孩子，或许是因为他从来没有爱过子子，所有的日子，只是她一个人的花开花落。

爱和被爱，只有在两人身上时才是一种幸福，所有其他情况，都是不幸。或许恒一直都没有忘记过玲，即使她伤害了他，还是他心底最深处的柔软。有些爱，就像放风筝，不管对方飞得多远，站在原处的那个人，却依然拽着那根线头，只要对方肯回来，他依然会在原地等她。就像恒对玲，就像子子对恒。

一个晚上，子子和玲、恒，还有一些朋友，聚在一起吃饭，大家的杯里都倒满了酒，子子拿起杯子先喝了。这时，恒拿起玲的酒杯，把她杯里的酒，倒了一些在自己的杯里，说："你身体不好，少喝一点。"

这一刻，犹如寒风肆虐过原野，那荒凉无处可逃。子子明白，她在他心里没有一点位置，所有的一切都是自己的一厢情愿。有些人是永远等不到的，就像春花和落叶，永远无法携手走进同一个季节，它们只能在错过的季节里，彼此遥望，默默无语。

美国女诗人狄金森曾经把人生描绘成篱笆墙的内外。层层篱笆缀满荆棘，我们要穿过篱笆进入院内，就必须经历荆棘的磨难。这时往往会让自己遍体鳞伤，身心俱疲。可是我们看到，风在墙外千折百回后，呼啸着穿过荆棘，在洒满阳光的院子里轻舞飞扬。

能够穿越荆棘的是风，只有穿越荆棘的风，才能在阳光下轻舞飞扬；只有越过荆棘的生命，才能成为那朵开在顶端最灿烂的花。

有个年轻的作家曾经说过："我的感情碰洒了，还剩一半，我把杯子扶起来，兑满，留给第二个人；他又碰洒了，我还是扶起，兑满，留给第三个人。感情越来越像这杯酒，感情越来越淡，但是他们每个人，获得的都是我完整的，全部的，一杯酒。"

感情似酒，浓烈的容易醉，也容易伤身子；而淡淡的酒，才能长饮不醉，才能活血利身。子子懂得了这个道理，她做了一次长途旅行，听说旅行，是放空自己的最好方式。

旅途上，她遇见了一个大学同学，他们的邂逅，与电影中设置的镜头一样：那天早晨，她推开房间的门，隔着小院的对面，也有一间房门推开，因为那推门声，她抬头看了一下，对面的人也看了她一下，这时拿着洗漱用具的两人，看见了彼此，眼睛在对方身上定格，张着嘴巴，瞪着彼此，却不敢相信，在遥远的地方，遇见了熟悉的人。

对面的是子子的大学同学，那个在大学里追了她三年的男同学。那天，他们一起吃了早餐，一起去看了一个很大的湖，那湖水是蓝色的，也是透明的，就像纯纯的大学生活。子子问男生，为什么选择远行。

男生看着子子，眸子里温柔得能滴下水来，他说，你知道，我一直爱你，你一直在我心底最深处。三十而立，今年我三十了，我给自己安排这次远足，是为了告别过去，也是为了重新开始。如果有些东西注定是得不到的，那就放在心底，人生不可能完美，或许留些遗憾的人生，才是真实的人生。

子子望着对面的男生，许多人都为爱情痛苦过，他们在相同的时间里同时爱着一个人，可是那个人却不是彼此，那份情曾经很重、很痛。重得喘不过气来，痛得直不起腰来。可是在蓦然回首的一天，我们曾经视为生命的那份爱，原来却很轻，轻得触手可碎，碎在时间的河流里。

后来，子子和那男生告别，什么都没说，她想把答案留给时间。来日方长，所有不能和时间并肩奔跑的爱情，都很浅很浅，当那份最深的和最重的爱情来临时，必定会和时日一起成长，只有这样，才能共同孕育出属于彼此的花。

8. 痛过算什么，擦擦眼泪向前行

我和子芊一边喝着茶，一边聊着天，我问子芊，离婚两年了，你后悔吗？

子芊沉思了一会儿说，以前，我对自己的生活一直很满意，丈夫事业有成，孩子聪明可爱，自己有一份满意的工作，我以为我的一生会在波澜不惊中慢慢老去，是他的出轨，打碎了我的美梦。你也知道，我父母都是因病早逝，潜意识里，总感觉自己会比他早死，将来，需要他照顾，因为有了这样的忧虑，我对他一心一意，不敢马虎，怕那样的日子万一来临，他会好好照顾我。谁知，想象中的厄运还没来，没想到的事情却发生了，人生，真是不可预测啊。

确实，人生不是我们所能设想的，它没有我们想象中那样糟，也没有我们想象中那样美。这两年，我看你走得很苦，整个人都变了，不过还好，总算挺过来了。我说。

听我这样说，她笑了起来，那笑容里已没有阴霾，她接过话题说，是的，抽筋扒皮，脱胎换骨，整个人都不一样了，以前我以家庭为重，把家庭和配偶看成生命的全部，始终认为自己离开家庭就活不下去，现在才知道，离开谁地球都一样转。

子芊是我的朋友，她是那种小鸟依人型的女人，以前和她老公在一起，走个路都要挽着对方的手臂，我老是和她开玩笑，你找的好像不是老公，是爹。

她说，我就是有恋父症，别人不知道，你又不是不知道，我父母早亡，我找老公的唯一要求，只要他对我好，其他都不要求。

她老公确实对她很好，家里的事都不用她插手，什么事都安排得妥妥当当。子芊嫁给他时，他家还欠着钱，就像子芊说的，她看中的是他的老实和稳重。结婚前，子芊对他说，只要你对我好一辈子，我什么都不要，甚至连结婚戒指都不要。

果然，她结婚时没有项链，没有耳环，没有戒指，可是她毫无怨言。结婚后，两人开了一家小卖部，勤勤恳恳干了几年，买了房子，有了车子。子芊毫不掩饰自己的喜悦，遇见一些未婚的朋友，老是对他们说，条件第二，人第一，只要两人劲往一处使，不怕过不上好日子。

可是幸福，就像三月的天气，说变脸就变脸，就在子芊对自己的未来充满希望时，意外发现老公有了外遇。这好比是晴天霹雳，她怎么也没想到，身边看着忠厚老实的男人，原来也是一只偷腥的猫。

处女座的她，就像处女座性格分析那样，这个星座的人有精神洁癖，一旦触碰到精神禁区，就会陷入歇斯底里。她不幸被言中，纠结一段时间后，还是跨不过那道坎，几近崩溃的她，最终只能选择离婚。

子芊一边转着茶杯一边说，不是没有后悔，而是没法后悔。以我这性格来说，只能这样，当初在他一无所有时选择他，是看中他这个人。既然现在的他，已不是原来的他，我就只能选择放手。我认真考虑过这个问题，如果不离婚，我也不会快乐，因为我跨不过这道坎，即使两人在一起，也只是同床异梦。现在这样也好，大家不见面，反而有利于恢复创伤。

我说，你当初三天两头闹，确实也不是办法。

她说，因为爱，因为在乎，所以才会愤怒，才会大吵大闹，如果换作现在，或许就不会了。两年时间，我改变了很多，可是，你知道吗，当你完全信任着一个人，最后被发现背叛和不忠时，真的会让人崩溃，没有经历过的人，不会知道。不过还好，我已经从婚姻的阴霾中走了出来，我觉得我的选择是正确的。

单身生活，有了大把的空闲时间，子芊开始看书，阅读，能让人安静下来。两年时间，那个曾经被婚姻摧残得心力交瘁的女人，焕发出另一种气质。当初大大咧咧的她，开始变得沉稳大气，那时恨不得所有人都是她的听众，现在学会了安静地倾听。

性格决定命运，大概就是这样了，像子芊这种宁为玉碎，不为瓦全的性格，眼睛里是揉不进一点沙子的，自己心里眼里只有一个人，也希望别人心里眼里只有一个人。不过，不管选择哪种生活方式，只要自己认为是对的，那就是好事。

婚姻，只是我们生活的一种方式，绝不是唯一的方式。许多女人面对男人的出轨和抛弃，有的人选择自暴自弃糟蹋自己，有的人选择两败俱伤的报复行为，有的人甚至选择结束生命，很多人，一辈子都无法让自己再快乐起来。其实，这个世界不是谁少不了谁，只有谁不珍惜谁。许多时候我们只是习惯了已经习惯的，没有勇气去改变已经拥有的，殊不知当我们越过苦难，我们会发现另一个自己。

我的另一个朋友，丈夫经营商场，家有一儿一女，自己年轻漂亮，许多人都很羡慕她。因为家庭事业双丰收，男主人显得阳光自信，他们的生活犹如阳光下的玻璃房，发出耀眼的光。

可是有一天，她发现男人在外面包养了一个女人，并且那女人已经怀了孕。当一个女人全心全意地对一个男人，对一个家庭时，在毫无设防的情况下，换来的是背叛和抛弃时，这种锥心的痛，找不到合适的词来形容。

朋友找到我的那天，脸色苍白，可是眼睛还是那样有神。她把事情经过告诉我后，问我，你说，怎么办？

我看着她，没有开口，从她的眼神里，我没有看到无助和悲哀，只有愤怒和不屈，我知道，她心里应该已经有了答案。

果然，她说，离不离婚是其次，我得把财产处理掉，趁他现在还有愧疚感，许多事情应该还会听我的。

她回到家，带着男人，找到小三的住处，就在那里开诚布公地商量解决的办法。这时，她的心在滴着血，可是她知道，她必须挺住，当爱情没有时，足够的金钱，还是会给人带来一定的安全感。

她把那些对话都录了音，回到家，她让男人选择，当那男人知道她录了音后，清楚地意识到，作为过错方，到时如果让法院判，自己只能净身出户。这个聪明的男人，权衡再三，结果跪倒在她面前，乞求她原谅，愿意和小三一刀两断。

朋友看着跪在眼前的男人，她没有立刻做出决定，毕竟他是孩子的父亲。朋友后来在电话里对我说，骗人一次，要再相信就难了。离不离，并不是关键，关键是得把握住自己，如果他真能和外面的女人断了，能安心回家，也好；如果只是口是心非，那就再作处理。我到时让他给我写承诺书，然后去公证处做财产公证，能够得到的已经得到了，有些东西，就留给时间做决定。

人生没有固定的模式，没有人会想到，有一天，我们赖以生存的家，也会成为斗智斗勇的战场，可是这种情况确实存在，人心难测，我们无法透过皮肉看到内心，一切事物都在改变，何况人心。

明天谁也无法确定，如果不开心的生活已经维持很久，那么就试着改变一下现在的生活方式。我们做决定时会很痛，可是等真正了断时，会发现原来并没有想象中那样痛，一些一直背负的东西终于被放下，会有种如释重负的轻松。

痛过算什么，擦擦眼泪继续前行；错过算什么，只是为了更好的遇见，所有美好的生活，从来不是别人给予，自己是自己的贵人。天生我材必有用，每个人都自带光芒，任何一个难关，都是一把通往幸福路上的钥匙，只是要到必要的时间，才能打开幸福的大门。痛过，哭过，只要自己不曾放弃，幸福的花，还会一路盛放。

9. 别回头，那里没有原来的你

婚外情，已经成了婚姻和家庭的头号杀手。许多家庭，在婚外情的温床前轰然倒塌。珠珠的婚姻，也是因为婚外情，最终走向解散。那个她用众叛亲离换来的男人，曾经答应过要和她白头到老，最后不顾一切地走到婚外情的路上，等有一天想回头时，却发现这里已没有原来的她。

在咖啡厅温暖的灯光中，珠珠苦笑着说，爱情，最终不是败给时间，是败给了情欲。

我说，此话从何说起？

珠珠看看我，再看看手机，然后找到 QQ，点开空间，她说，这里有篇日志，是去年写的，那时我已经放下，这篇日志我一直上着锁，自己是唯一的读者。今天，你就当它的第一个读者吧。

我拿过手机，认真地看起她说的那篇日志：

我和他是大学同学，我们的大学在我生活的城市，当时间无情地把我们推向毕业季时，我毫不犹豫地跟着他，回到他的家乡，离开苦苦哀求的父母。妈妈看着我决绝的背影，哭着喊，孩子，为了一个男人，你丢弃几十年的亲情，当没有爱情时，你将一无所有。

那个男人搂着我，信誓旦旦地说，相信我，我们一定会白头到老。在母亲的哭泣里，我朝他点点头，我相信这个男人一定能够陪我到老，爱情会追随我们左右，我要的幸福，永远不会离开我。

我不是那种有着大梦想的人，只想和自己喜欢的人，同日月，共晨昏，相依相偎一辈子。如果他是树，我愿意是那棵缠绕的藤；如果他是路，我愿意是路边盛开的那朵花；如果他是杯子，我就是里面的一滴水。对于年轻的我来说，只要有了爱情，就不怕山高路远。

来到他的城市后，在没有父母的祝福下，我和他领了结婚证，一时找不到合适的工作，就在一家女子美容院里当了学徒，打算先做一段时间再说。起先，我们和大部分新婚小夫妻一样，过着两个人的日子，甜甜蜜蜜。一年后，我怀孕了，因为是早期，我还是继续上班，想起即将有个可爱的小宝宝，虽然孕期反应厉害，我的心情还是很好。

一天晚上，我给同事代班，下班时已是晚上九点，我打的回家，当出租车驶过城市的一角，我无意间侧头朝窗外看时，看到对面一座楼下，停着他的车。看到他的车，我很高兴，赶快从出租车上下来，打算和他一起回家。这时看到一个妖娆的女人从后排下来，走到驾驶室旁，他伸出手，搅过她的头，与她吻别。

那一刻，我的血往上涌，双脚没有经过大脑指挥，直接冲了过去，看着出其不意出现在他面前的我，他知道一切解释都已没用。

一个远嫁的女人，在转身离开家乡的时候，就放弃了自己的前半生，把自己剩下的幸福交给了一个叫丈夫的男人，除了这个男人，这个城市与你毫无关联。

他跪在我面前求我，说没有抵制住情欲的诱惑，让我原谅他，如果我肯原谅他这一次，他一辈子都会对我好。我没有勇气说分手，想起临走前母亲的话，孩子，为了一个男人，你丢弃几十年的亲情，当没有爱情时，你将一无所有。

我选择原谅他，我以为他只是偶尔犯错，可是不久后，我再一次证实了他的出轨。当我把他手机里赤裸裸的聊天记录拿给他看时，他也知道，一切解释都是空白。我曾经以为爱情能够带我们到永远，没料到才起航却已搁浅，伤痛，就像海浪，一波波向我袭来，而我却无处可逃。

我终于相信，出轨就像吸毒，也能上瘾。在我愤怒的责骂中，他拎着衣服住到了另一个女人家。说好的一辈子，说好的白头到老，一个我愿意与他生死相随的男人，在某一刻，把我像抹布一样地丢弃了。

永远有多远，永恒在哪里？连存在了几亿光年的星球，都能以流星的名义消失，这世间还有永恒吗？在欲哭无泪的日子里，我想念远方的父母，想念远方的家乡，可是有了身孕的我，又怎能回去？

我去求他，希望他看在过去，希望他看在肚子里的孩子分上，能跟我回去，我哭着说，我千里迢迢、众叛亲离跟你来，你却如此待我，让我如何活下去？他冷漠地说，大路朝天，各走各的，从此，我们互不相干。

爱情没了，你还有什么？一个你曾经把他当成余生依靠的人，最后都能弃你而去，这世界，还有谁能依靠，除了自己，别无他人。这一刻，我想到了父母，曾经，我是他们无限的希望，最后，我却绝情地远走他乡，当初的我，和现在的他，又有什么区别？而那时父母绝望的心情，肯定和现在的我，不相上下。

瞬间，我仿佛听到体内冰冷的血液，凝固成冰柱的声音，我突然有了支撑下去的力量，咬着牙对自己说，我要回家，我要好好地回家。

我去医院引了产，休息一段时间后继续上班。我开始特别注重起自己的身体，我的目的是把自己调养好后回到父母身边。半年后，老板去外地投资其他项目，让我帮她管理，说好五五分成。

美容院的生意本来就不错，加上分红，我的经济状况有了很大的改变，虽然伤痛还会时时发作，可是我用忙碌的工作，填补了所有空余时间。只要努力，时间总能回馈你一份厚礼，当一切开始慢慢好起来时，传来了他和那个女人分手的消息。

他回来找我，向我诉说流逝的爱情，看着这个曾经深深爱过的男人，我泪如雨下，这泪，已与爱情无关。时间是最好的良药，它能医治所有的创伤，这个我曾全心全意爱过的、信赖过的男人，最后只在我生命里剩下一道疤。

我知道，我和他已经结束了，可是我相信，爱情还会再来，只要我们愿意，一定会有一个人，在去时的路上等你，等着与你遇见，等着牵起你的手，等着与你天荒地老。

我把目光从她手机上移开，抬眼看对面的珠珠，珠珠正含笑看着我，我说，打算什么时候回去，还来吗？

她说，回去就不来了，等把这边处理好就回去，一晃五年，都五年没见到父母了，真是不孝。这几年，我积累了一点钱，回去到老家也开家这样的美容院，到时守着父母，然后踏踏实实过一辈子。

一些人，一些事，当我们愿意拿出来和人分享时，伤痛已经过去，真正的痛，是不肯说，不肯面对。在生活中，得到一样东西需要智慧，放弃一样东西需要勇气，那些曾经以为永远过不了的坎，最终被时间的淤泥填埋，虽然还有印迹，却不会再让自己深陷其中。

那些曾经伤害过你的人，和你伤害过的人，都不要再回头寻找，那里没有原来的他，也没有原来的你。勇敢前行，去遇见不同的人，去观看不同的景，你会发现，生活处处都有惊喜。

10. 唱过的歌，走过的路

这次去歌厅，出乎我意料的是，荆花终于没有再唱刘若英的《后来》。深夜，当一大群人从歌厅出来，挥手告别后，荆花拉着我去了夜排档，在一家常吃的烧烤店坐下，点了一大堆东西，还要了两瓶啤酒。

看着啤酒，我说，刚刚在歌厅不是喝了，干吗还点？

荆花说，刚刚有那么多人，醉了不好，现在就咱俩人，喝个痛快。

我说，两个女人，如果喝醉了，等明天醒来，说不定已经给人卖到山旮旯里去了。

她说，你喝不喝？你平时不是常说，你有酒，我就喝，只要有故事。今天我给酒，还给故事，喝不喝？

我不屑一顾，就你这点故事，我都能倒背如流了。

荆花倔强地说，不，我还是要说。

我摇摇头，撇撇嘴。朋友，有时候就是一罐子，专门用来给人倒苦水的。荆花看我不喝，开始自斟自饮，然后又开始她滚瓜烂熟的爱情故事。

荆花和叶轩，相爱三年后，婚房都已经准备好，只剩下挑个黄道吉日举行婚礼了。叶轩提出，因为婚房才装修好，过一段时间入住才合适，结婚前期，先和父母住一起。

荆花听到结婚不能在新房子时，不高兴地对叶轩说，结婚不在新房子，那买房子干吗？如果现在不能入住，那婚期可以排在一年后啊，反正自己年龄又不大，迟一点结婚早一点结婚又没事。

本来，荆花的话说得也没错，可是那时，叶轩的父亲正重疾在身，是那种过了今天就不一定有明天的人。临死前，做长辈的，能看着孩子成家，是一件开心的事。那时，叶轩家就是考虑到这个问题，才希望早点把荆花娶回去。

叶轩无奈，只能把这件事摊开来说。当荆花听到是这个原因时，勃然大怒，说，都什么年代了，这不等于是古代的冲喜吗？这样，我不干。

荆花的父母，当然也理解叶轩家的想法，因为在乡下，遇到这种事，有的没对象的人，也会急匆匆地找一门亲事，为的是让走的人安心。荆花的父母也帮着叶轩做荆花的工作，说，在当地有这个风俗，也不足为怪，反正迟早要嫁，早一天，迟一天，都一样。

老一辈人认为很正常的事，可是搁在年青一代，怎么都觉得不妥。荆花认为，结婚是一件喜事，现在却为了一桩不定期的丧礼而结婚，怎么说成了一件丧气事，不管旁人怎么规劝，她始终不肯答应。

叶轩父亲的病越来越严重，已经到了朝不保夕的地步，叶轩向荆花求了几次，荆花始终不同意。就在这期间，叶轩的父亲终于撒手人寰。

随着叶轩父亲的走，这对年轻人的爱情，也走到了尽头。叶轩责怪荆花自私自利，即使不肯为他着想，也该为父亲想想，父亲养育自己长大成人，临死前想看着自己的孩子娶妻成家，就这个简单的愿望，都不肯帮他实现。

荆花则坚持自己没有错，认为年轻人不应该相信迷信，结婚是一辈子的大事，不能因旁人的言语而被左右。两人各有各的理，一等矛盾产生，彼此间的隔阂只能越来越大。荆花看着两个人，从熟悉慢慢走向陌生，心里知道，她爱他，她不想失去他。可是爱情是件很奇妙的事，就像压跷跷板，当一头低时，另一头却高高在上，等荆花放低姿势，希望得到叶轩原谅时，叶轩转身走了。

一段时间后，不知道叶轩是因为赌气还是什么，竟然有了女朋友。荆花曾经让我陪着她，去找过叶轩，可是叶轩不肯给她机会，任她怎么恳求都不肯回头。

有一天，我曾经和母亲说起过这件事，母亲告诉我，我们这里有个迷信的说法，如果一个人孩子没结婚就死了，说明他在阳间的义务还没有尽完，去阴曹地府就是个罪人，他就不能投胎做人。

当我听到这个说法后，终于能体味到叶轩的冷血了。虽然这只是迷信的说法，可是搁谁身上，都不会愿意让自己的父亲成为一个罪人，哪怕只是一个传说。而荆花，作为有知识的新时代女性，我觉得她的想法也没错，当婚礼和丧礼挂上钩时，谁都会感冒。可是不管谁对谁错，他们的爱情，到了没有挽救的地步。

当荆花看着消逝的爱情，也为自己的任性而后悔，可是世间没有后悔药，于是，她只能一次次地唱起那首《后来》，常常让听的人肝肠寸断。

她终于停止了叙述，每次说到这里，她的故事也就完了，我调侃她，就这样啊，我还以为有了新结局。

她说，当然，结局肯定不一样了。

我连忙凑过去，盯着她的眼睛问，叶轩同意和你和好了？

她一手掌盖在我脸上，狠狠地把我推开了，说，我遇见了新的爱情。这时，她的电话响了，她接了电话，告诉对方，我们现在的位置。在她接电话时，我没在她脸上看到，平时她唱《后来》时的哀伤。

她说，这事已经过去一年多了，我再不能让自己沉浸在往事中。缘分缘分，得有缘有分，我和叶轩，大概就是命中注定的有缘无分吧。

缘来则聚，缘去则散，当我们放下过去的荆棘，就能腾出手来抓住现在的鲜花。郭敬明说："走曾经走过的路，唱曾经唱过的歌，爱曾经爱过的人，却再也提不起恨。"其实，是你的，就是你的，不是你的，就不是你的；离开你的，是缘尽，遇见的，是缘起。

走过的路，唱过的歌，爱过的人，只能留在身后，那些存在的印迹，是前行路上时刻敲醒我们的警钟，促使我们能更好地面对未来。幸福，从来不只是一种模样，只要你不曾放弃追求它，它会换个角度重新出现在你面前。

第四章

强大自己，拥抱幸福

家世好的女孩，父母早已为她铺好了未来的路；相貌好的女孩，会有男友和老公想尽办法讨好她；运气好的女孩，总有贵人及时出手相助；什么都没有的我，坚持相信：让自己强大，就是最大的幸运。

1. 让自己的教养，无处不在

　　那天，在小区一家饮食店里吃早餐。这时，来了一个皮肤白皙，身材姣好，容貌清秀，穿着时髦的女孩。那女孩要了一个麦饼，老板娘把麦饼烙好递给女孩后，她自己到菜盆子里夹菜，放在麦饼上卷进去，老板娘看她只放了一点点菜，就说："多放一点菜啊。"

　　女孩说："放这点够吃就行，多了吃不掉，也是浪费。"

　　女孩卷好饼就走了，老板娘说："我们麦饼照个数卖，菜多放少放一样价格，大部分人喜欢在饼里多卷菜，觉得反正不拿白不拿，吃不掉，情愿抛掉，像她这样有教养的女孩真不多。"

　　因为早餐店在小区里面，很多人都认识，听了老板娘的话，一个认识这女孩的人说，这女孩从小教养好，父母都是知识分子，家里条件也挺好。有几次他们邻居间聚餐，那女孩一家也在，这女孩总会帮着主人一家，一起洗碗清理桌子。而其他一起的年轻女孩，基本都是低头玩着手机，像她这样懂事有教养的女孩，确实不多。

一个人的教养，是社会影响、家庭教育、学校教育、个人修养的结果，尤为重要的是家庭教养。我们常说父母是孩子的第一任老师，父母从小给孩子的教育，直接影响到孩子长大后的办事能力。那个女孩，因为大家对她的好评，虽然只有一面之交，还是给我留下了深刻的印象。

不久后的一天，我在小城最繁华的超市门口，再次碰到她。我看到她时，她刚好从超市出来，两手拎着东西。那天她穿着一条漂亮的裙子，一双高跟鞋，使她看上去亭亭玉立。在超市门口，一个没有双脚的乞丐坐在地上，磕头向人乞讨。她走到乞丐面前，把右手的东西塞到左手，用腾出的右手从包里取出几个硬币，俯身把硬币放入碗中。

我以为她这下该走了，哪知她却蹲下身，把撒在乞丐身边的零钱，一一捡拾起来，放到他面前的碗里。这时，我看到那个衣衫褴褛、满脸污迹的乞丐，望着那女孩，嘴唇颤抖，两眼渐渐湿润了。

人与人之间的尊重，从来不是以地位的尊卑来做界限。一个有教养的人，不只是在高档的场所里彬彬有礼，不只是对有钱有权的人彬彬有礼，而是在普通生活中，面对生活底层的人，还以礼相待。这才是一个人的教养，也只有这样的人，才是真正有教养的人。

有人说，一个国家素质的高低，是看它对没钱人的态度。从个体方面来说，一个人具不具备高素质，可以从她对社会最底层人的态度中看出来。一个人的高贵，不是由金钱和美貌决定的，而是她的行为教养和道德素质。

由这个漂亮的女孩，让我联想到前几天在公交车上看到的另一个漂亮女孩。那个女孩同样有着白皙的皮肤，姣好的身材，美丽的容貌。她上车时我已经在公交车上，因为她的容貌和穿着，在她上来的一刻，我感觉眼前一亮，就多看了她几眼。

她在我斜对面的一个位置上坐下，坐下后，就把两只脚翘成二郎腿放在过道上，有人过路时，就要侧着身子绕过她的腿。可是她无动于衷，两条腿一动不动。后来她拿出手机打电话，开始时声音不是很大，可是却越来越大，好像开始吵架，那声音完全成了噪音。

这时，她旁边有个在母亲褓褓中的婴儿，可能是被她的声音吓到了，大哭起来。婴儿的母亲对那姑娘说，让她小声点，吵到了孩子。

不料那姑娘大着嗓门说，怎么了，这是公共场所，轮得到你来教训我吗？如果要安静，你为什么不开私家车，那就没人吵到你了。你没能力开私家车，就只能挤公交车，大家都是挤公交车的，有什么权利指责别人。

听她这样说，车上的人纷纷指责她的无礼。那姑娘被惹怒了，对着电话里的人说，妈的，你给我叫几个人来，我在一辆公交车上，这里有群人欠揍。

我终于知道什么叫作"绣花枕头稻草芯"，这样的姑娘，长得再漂亮都让人感觉恶心。一个人的容貌是天生的，但一个人的教养是后天的，容貌只能给人一眨眼的惊艳，可是教养却让人一生尊敬。我想这位姑娘，她父母肯定从小没有给她良好的教育，致使她连做人的基本教养也没有。

那天我就在前面一站下了车，不知道那女孩后来有没有叫人来找麻烦。当我转乘到另一辆公交车上时，一位带着一个小女孩的年轻妈妈身旁，刚好有个空位，我就在那里坐下。那小女孩穿着牛仔短裙，不时调皮地叉开双腿，这时里面的小内裤就露了出来。年轻的妈妈提醒小女孩，要注意坐姿，还把小姑娘的腿并到一起。

可是毕竟是孩子，一会儿又把两腿叉开了，年轻的妈妈不厌其烦地说着同样的话，做着同样的动作，语气很温柔，动作很柔和。我想，这是个有教养的妈妈，面对孩子一次次的叉腿，却总是耐心地一次次纠正，等这个小女孩长大后，也一定会是个有教养的女孩，一个有着良好教育方法的母亲，一定会教育出有教养的孩子。

做一个有教养的人，让自己的教养无处不在。不管在任何场合，任何人面前，始终保持自己的教养，用得体的处事方式，得体的做人行为，让自己成为一个高贵的人。高贵，从来不是因为财富就能堆砌出来，而是一个人由内而外的教养体现出来的。

幸福，其实很简单，当自己善待自己，善待身边的一切人和一切事时，自己的内心就会特别踏实和宁静，这时幸福就不知不觉来到你身边，你的生活也处处充满了惊喜和快乐。

2. 女人不要一辈子手心朝上向男人要钱花

对门的邻居换人了，新搬来的是一对小夫妻，女主人叫花开，是个热情开朗的姑娘，不管在楼梯上遇见还是在开门时碰到，总是亲热地和我打招呼。我是那种被动型的人，别人的主动，才能点燃我的热情。热情好客的花开，只要有好吃的，总不忘送我一份，就这样，我们两人开始来来往往。

一天，花开又给我送葡萄来，我把她让进客厅，刚坐下花开就对我说，我们又吵架了。

我问，你们还是小夫妻，连孩子都没有，过的是两人世界，照理来说生活比较简单，为什么老是吵架啊?

花开说，老公认识我时，我正和一个男生在交往，老公对我可以说是一见钟情，看到我后就对我展开了热烈的追求，他承诺结婚后，不要我上班赚钱，愿意养我一辈子。就因为他这句话，我毅然和当时的男友断了关系，开始和他正式交往，交往半年后结婚，现在结婚才一年，却已经吵了好几次架。

我问她，你们因为什么吵架？

她说，我在家，没上班，可是照样要钱用，吃饭，买衣，逛街，和闺蜜们聚会，哪样不要钱。每次问他要钱，他总是露出不情愿的样子，还老是嘀嘀咕咕。我问他要一千，他最多给八百，我问他要五百，最多给三百，你说气不气人。

我说，你为什么宁愿伸手问他要钱，也不愿上班呢？

她理直气壮地说，当初结婚前他答应养我的啊，说好不要我上班赚钱的，我才果断和前男友分手。如果他没这么说，我不一定会嫁给他，他不肯给钱时，我就说他是骗子，如果做不到，为什么当初要骗我。

我相信，她老公当初说愿意养她，一定也是真心的，因为当一个人爱上另一个人时，愿意为她做一切。可是爱情会被日常的柴米油盐消耗掉。还有，爱情中的男女，只要两人吃饱就行，其他事可以一概不管。等结婚后，却有了人情来往，有了其他开支，还要计划省钱过以后的日子，不可能像恋爱时那样可以任性地花钱。这样一来，无形中给施出方增加了负担。

当这种生存压力冲击着生活里的每一天时，这个人难免会有怨言。而另一方认为，你当初承诺了，就应该说到做到，不然就是欺骗。于是争吵就这样开始了，一旦有了第一次争吵，就会有第二次，然后会有无休止的争吵。

花开说，难怪别人说，宁愿相信母猪会上树，也不愿相信男人那张嘴，男人的话果然是不能相信的。

我说，不管男人的话能不能信，一个家庭是两个人的事，他说养你时也是真心的，他现在给你钱时有怨言，也是真心的，不是他骗你，而是时间不同、环境不同、心情不同，人的思想行为就会不同。像你年纪轻轻，不上班整天在家玩，其实浪费的是你自己。你在家里待几年，到时就和社会脱轨了，那时你想重新融入社会，就得付出加倍的努力。一个姑娘，不管能挣多少钱，都应该有能力养活自己，如果连自己都养不活，你怎么在家庭中获得尊严。你的人生才开始，难道你能这样过一辈子？

花开听了我的话，低头沉思一会儿，点点头说，你说的话很有道理，可是我就是不甘心，凭什么结婚以前他说养我，结婚以后就不高兴给我钱了，我这样嫁给他，不就亏了。

我说，家不是讲理的地方，是讲感情的地方。如果你据理力争，即使理在你一方，你吵赢了，感情却吵没了，你说有意思吗？

那你说我该怎么办？结婚前我都和朋友们说了，以后我老公养我，不要我上班赚钱，如果我现在去上班，会不会被他们笑话啊，这样会很没面子呢。

我说，每个人的面子是自己给的，每个人的生活是自己过的，真正的朋友是那些希望你过得快乐和开心的人。那些拿这个话题当笑料来笑话你的人，不会是你真正的朋友，因为他们不想你过得更好，既然不是真正的朋友，你又何必去在乎别人怎么说呢？

许多时候，当女人们抱怨男人在家里嚣张跋扈时，往往不是男人在欺负女人，而是女人习惯手心朝上地活着，当我们手心朝上时，是希望有人能在手心里放入我们想要的东西，或者等待有东西落到手心上，这是一个索取的动作。

当一个人在索取时，总是仰视着别人，而施舍的一方，却是手心朝下，居高临下。手心朝上和朝下，看似只是一个简单的动作，可是包含的意思却完全不同，手心朝上是索取，手心朝下是给予，这两个简单的动作，表示了一个人截然不同的人生态度和生活方式。

在会计师事务所上班的朋友小林是白富美，白富美配高富帅，她家有钱，他家更有钱。以她的话说，她的嫁妆都能让她吃一辈子，可是结婚后的小林，照例去上班，男方都劝她不要再去上班了，在家安心养身体，等适当时机就选择受孕，可是她没有听从家里人的建议。

那天她请我吃饭，聊起这事，她说，是的，对于他家的产业来说，我一个月的工资连杯水车薪都算不上。可是我喜欢这份工作，每天按时上班，按时下班，在单位和同事们聊聊天，下班后偶尔和朋友们聚个会，我的生活按着自己的心愿过着，充实而又快乐。如果我不上班整天在家，到时我就只有一件事可做，那就是每天等着老公回家，如果及时回来了还好，如果不及时回来，或许我会胡思乱想，这不是给自己找罪受吗？

我笑着说她是放着少奶奶日子不过，瞎折腾，不过对她的生活方式我还是一万个赞同。一个女人，不管多有钱，还得有一份自己的职业，虽然这份职业对自己的财富起不了多大的变化，可是对自身来说，是一笔精神财富，一个人最可怕的是无所事事时的无聊，空虚的精神会改变一个人的思想和情绪，严重时会导致一个人性格的扭曲。

现代社会，女性在做家务和社交时，大喊男女平等，那么在职场打拼上和经济收入上，是不是也要自认公平呢？这个时候女人往往就一声不吭。当我们在大叹女人没有地位时，在需要男人时却没有男人站出来保护时，有没有想过自己是个怎样的人？如果是一个习惯了手心朝上活着的人，她原本就没有权利呼喊男女不平等，只有手心朝下，勇敢活出自己的女性，才有条件谈女性的尊严和人格，也只有手心朝下的人，才能活出自己的精彩。

生命，从来都是掌握在自己手中，当你手心朝上时，你在索取，当你手心朝下时，你在给予。当一个女性习惯了手心朝上的生活时，已经失去了自我，再无独立和自尊可言；当你习惯手心朝下时，你获得的不但是经济上的独立，更是人格上的独立，这时的你，是自由和豁达的，也只有这样的女人，当在爱情和金钱面前选择时，才可以骄傲地站着嫁给爱情，而不要跪着嫁给金钱。

3. 要想人前显贵，必先人后受罪

当很多个朋友打电话来告诉我果果失联这事时，我终于忍不住拨了果果的电话号码。那头传来的是一个甜蜜的女音："对不起，你拨打的号码已关机。"离第一个朋友打电话告诉我果果失联的事，已经是几个月后了。

电话打不通，作为密友，那天晚上，我果断去了她家。当我敲开她家门时，给我开门的正是果果。看到门外的我，刚刚还满脸笑容的她，立即换成了惊讶。

我说，怎么，不欢迎啊？

她说，不是不欢迎，是意外。

她把我让进客厅，开始聊天，我说起许多朋友都打不通她电话的事，她笑着说，我把手机关了，是想安心看点书。你也知道，就我这点大专文凭，现在在单位的处境好比是前有横江拦路，后有追兵虎视眈眈，公司现在处在大迈步时代，新招来的员工，基本都是本科生，甚至有几个是硕士生，如果自己再不努力，随时都可能被人替代。在这弱肉强食适者生存的社会，你停滞不前，别人不会推着你向前，而是无情地把你挤到后面。

果果大学毕业后就一直在现在的单位，是单位技术部里的骨干，八年前她刚进去时，单位是才建立不久的小公司，只有一百来号人，可是这几年，单位就像一匹突然冲出来的黑马，势不可当，每天都在刷新着订单，到现在，单位员工已近千人。

单位的业务，也由当初的国内单子发展到了国外贸易。果果作为单位的骨干技术员，需要常去国外培训和取经，也需要和在国外的合作单位联系。可是大专毕业的她，英语基础薄弱，常常连一封简单的邮件都无法回复，更因为语言障碍，和人交谈时无法表达自己的准确思想。虽然带了翻译，可是当翻译把刚刚说的话翻完时，她却忘了后面想说的话了，语言障碍成了业务发展的一大难题。

果果知道，自己作为首批技术员，可以说是和单位同时成长起来的员工，公司能够发展到今天，可以说功不可没。可是在经济效益为重的时代，不管你的昨天如何辉煌，如果今天没有成绩，你依然只能被淘汰。有谁听说过昨天的太阳能晒干今天的衣服，这就是现实，昨天永远只是过去式，而每一个今天面临的都是残酷的优胜劣汰。

其实每个进入社会工作十年左右的人，都会有一种"上下卡住"的闭塞感和无力感，虽然在这几年的努力中，拥有一定的资历和经验，工作也干得得心应手，可是前面有比自己资历更深的前辈，身边有随时想超越你的同辈，后面又有一群初生牛犊不怕虎的高学历高技能的新时代员工。

所以，在残酷的"长江后浪推前浪，前浪死在沙滩上"的现实面前,只有通过学习,才有希望让自己立于不败之地,保持学习习惯,随时为自己的竞争力加值。在这全球化时代,我们竞争的对手已不只是国人,更多的是来自全球的顶尖人才。

聪明的果果,清楚地认识到了这一切,知道"人无远虑,必有近忧"的她,果断选择静心学习。现代社会,信息时代,你都不知道时间是怎么过去的,网上随意浏览个新闻,朋友圈只是打开看看,平时和朋友只是简短地在网上聊几句。可是就是这样,时间却悄无声息地走了,而自己却还没感觉到时间的流逝。

电子商业时代,我们的许多时间都消耗在无用的事上。她知道自己不是意志坚强的人,于是干脆关了手机,断了外界的联系,以此来逼自己安静下来,好好充电。

我笑着说,学习确实很重要,可是没必要这么决绝吧,搞得要和世界为敌一样。

她也笑着说,要想不吸毒,就得远离毒品。现在这手机,比毒品还毒。我是先控制自己,让自己在一段时间内养成学习习惯,当这个习惯形成时,再开放自己,我就是想试试,自己有没有独处的能力。

俗话说:"要想人前显贵,必先人后受罪。"许多功成名就的人,人们看到的是他们被鲜花和掌声包围的光鲜时刻,却没人看到他们曾经负重前行的日子。所有成功的人,都有一段不为人知的黑暗岁月,在那些努力的日子里,他们要经受身体和精神的双重磨炼,咬牙挺胸,苦中作乐,在失望中寻找希望,在希望中不懈奋斗。

那天果果还和我说起她的一位同事,那位同事是和她同年进厂的,在单位同样属于元老级别。当初进厂时,单位还在起始阶段,技术力量薄弱，为了研发新产品，大家常常连夜加班。那同事连续上班两天两夜后，直接昏倒在办公室里，从此就落下了精神衰弱的毛病。

她也是技术部门的骨干，仗着对单位有功，不再进取，上班时也不尽心尽责，开始倚老卖老，以为没人敢动她。可是随着单位扩展，许多部门的领导都是新来的后起之秀，他们没有过和企业共成长的那段经历，无法体味老员工为企业做出的贡献。他们只朝前看，只需要业绩来稳固自己的地位，当发现你占着茅坑不拉屎时，他就把你"咔嚓"了，还美其名曰为杀鸡儆猴。

你有用时人家自然会用你，你没用时自然就会找人代替你，优胜劣汰，是职场永远的游戏规则。这个世界，你只有一个妈，除了你妈，谁都不会把你当回事，只有凭着实力才能站稳脚步。在这个日新月异的时代，不进则退，你想安逸，就只能面对淘汰，只有不断前进，才能给自己占得一席之地。

当别人都在前进时，你停滞不前，就只能被赶出局。一个人不想碌碌无为，不想平平庸庸，不想被人群抛得远远的，就始终要有危机感。在任何时候，都要懂得学习的重要性，要时刻提醒自己学习，让学习成为生活的习惯。只有这样，才能让自己立于不败之地，也只有这样，才能在人前享尽风光。

4. 与其挖空心思求别人留你，不如让别人挖空心思留你

朋友镜欢是部门领导，两人聊天时说起一些人事情况。她问我，知道不，为什么一些人为了留下来，宁可挖空心思去搞人际关系，也不愿挖空心思去提高自身素质？

我说，名利永远是最好的东西，一些人为了名利什么都愿意做。

她说，那些挖空心思搞人际关系的人，基本是实力不够的。想要地位，想要高薪，凭能力得不到，就只能另辟蹊径，挖空心思去讨好有权力的人。这些人像蚂蟥一样叮着你，时刻在你身边，一点儿小聪明就全用在这里了。平时和人说话时，开口闭口说到他要巴结的人，为了显示他和这个领导走得近。

虾有虾路，鳗有鳗道，百人百姓，千人千面，不同的人有不同的求生之道。镜欢说的人，我自然也碰到过。一位朋友以前在一家单位做总经理，她介绍我去那里做了生产管理助理。有位车间主任，知道我和朋友的关系后，三天两头请我吃饭，目标很明确，想借我这座桥，走通朋友这条路。

我刚去不久，和大家不太熟悉，常常会为要不要去赴这个饭局而头痛。不去吃，你一个新员工，还没有自己的人脉圈子，无意中就得罪了一群人；去吃，明知道这人没安什么好心，吃人家的嘴软，拿人家的手短，到时遇到她有求于我，不好找借口拒绝。

我为这事专门去和朋友商量，朋友是领导，坐着说话不腰疼，她直接告诉我，这个人就是这样。我来之前已经是车间主任，听说用这样的手段，和前任总经理搞好关系才坐上这位置，现在她千方百计想和我搞好关系，看到你来，她想通过你走近我。

我说，这样的人真讨厌，你难道不讨厌吗？

朋友说，这种人很势利，今天你在台上她就巴结你，你明天下台了，她就理都不理你，连遮遮掩掩都省略了。讨厌归讨厌，只要没做什么损害原则的事，就随她。我不可能无缘无故去得罪一个人，心里知道就是，所以如何和这种人交往，你自己拿捏。

众所周知，绝大多数人是喜欢听好话的，特别是那些手中有点权力的人，更喜欢那些抬轿的人，那些阿谀奉承之辈。为了获得上司的好感，不惜卑躬屈膝，低三下四，说尽好话，以此赢得上司的青睐与信任，无官的弄点官当当，是官者希望能再升一二。即使明知道是废话，听起来还是沁人心脾，所以有人说，世界上什么事都有可能会错，只有马屁永远不会错。

确实如此，有人的地方就有江湖。龙生九子，各不相同，每个人的性格爱好不同，行为习惯不同。这种人习惯了讨好领导，把这样的社交方式当成了乐事。其实，与其挖空心思求别人留你，不如让别人挖空心思想留你，当一个人有了真才实学时，到哪里都一样受欢迎。

我后来去了另一家单位，遇到一个同事，她就是那种别人挖空心思想留住的人。同事小叶，是从外地远嫁过来的，在单位从事销售工作。销售和生产，即统一，又矛盾，说是统一，大家都是公司的一个部门，没有生产就没有销售，没有销售也就无须生产。说矛盾，销售希望货物随叫随到，随到随发，可是生产不可能做到面面俱到，有时候有库存的产品，销售刚好不发，还没生产的却要马上发货，这就形成了两个部门的矛盾。

这种问题基本企业都存在的，小叶是那种很负责任的员工，每次发货前，总是去仓库核对数量，来不及发货还在生产过程的单子，就紧盯生产的每道工序，时刻掌握产品进度，如有必要，及时汇报给客户。

顾客至上，这是每个单位的口号，可是真正要做起来并不容易，可是小叶做到了。有一次，我亲眼看到她和生产部领导，因为意见不合起了矛盾，两人吵得面红耳赤。这时她位置上的电话响了，我看到她快速走到办公桌前，用深呼吸让自己稍作平静，然后拿起听筒，这时她脸上已经换上了笑容，声音也马上变得温柔起来，耐心地和顾客说着产品情况，好像刚刚并没有争吵一事。

一个好员工就应该这样，不把不良情绪带到工作中，特别是面对客户时。销售员是公司的代表，她的形象代表企业的形象，一个好的销售员就是给客户足够的信任感，信任你也就信任了企业，才能让企业获得更多稳定的客户。而一个不敬业的销售员，往往有损企业的形象，让客户对企业失去信任感。

对于催款，她也很积极。前业务员剩下的几笔账，她做了周密的调查和细致的记录，在合适的时机，向对方提出合理交换条件。

用她的话说，如果销售员只负责销货，不负责追款，一切生产都是负债经营。

一个好的员工，能抵几个平庸的员工。两年后，有单位想高薪把小叶挖过去，单位领导知道后，立即进行人事调动。原本主管销售的老板娘，早已到了退休年龄，却始终没有找到合适人选，可以接管自己岗位，考察了小叶两年，在这关键时刻，肥水不流外人田，果断宣布，让小叶担任销售主管。

每个人都有自身独有的价值，只要勤奋肯干，就能挖掘出自己擅长的一面。有的人费尽心思去讨好别人，把精力用在人际交往上，这样的人，没有实际操作能力，离开该岗位后，很难找到合适的岗位。

有的人却通过自身努力，让自己的工作无懈可击，让其他人一时难以取代自己的位置。这样的人，别人会挖空心思留住他。与其挖空心思求别人留你，还不如让别人挖空心思留住自己。认真工作，努力进取，把自己的工作做得无人可代。这时的你，就成了高级打工仔。每个企业都需要真正做事的人，华而不实的人，或许能逞一时之能，却不是长久之计。

一个理财专家假设：如果把世界上的财富重新平均分配。若干年后，有钱人还是有钱人，没钱人还是没钱人。勤奋努力的人一样会拥有财富，好吃懒做的人，最后依然贫穷。我相信这个假设，因为想成为一个什么样的人，不是运气，不是机遇，而是选择，一种生活方式的选择。

脚踏实地，努力进取，让自己成为一个事事都能做好的人，到每一个地方，不是求别人留下，而是让别人挖空心思想留你。这样，你的人生才会精彩。

5. 做好眼前事，就是为幸福的未来铺路

平时我常在一家女子美容院里做保养。那家美容院不大，连老板娘一起，就两三个美容师。我是那里的老顾客了，刚开始去那做时，店里上上下下就老板娘一人，既是老板娘，又是美容师。经过几年经营，顾客越来越多，店里前后招进两个美容师，一个胖点，一个瘦点。

前几天去时，只看到老板娘和胖点的美容师，少了一个美容师，她俩自然就忙了些。那天是老板娘给我做的护理，我随口说，今天只有你们两人啊，没见那个瘦点的美容师。

老板娘说，昨天开始，已经不来了。

我问，为什么？

老板娘说，她在这里也干了两年，前几天要求我加工资，我说加工资可以，但你必须服务好顾客，让客户满意。做了两年，没顾客对她有好评。只要活做得好，让顾客满意，加工资的事，不要她开口，我自然会考虑。

159

这点我相信，对于老板来说，只要员工愿意实干，多给点工资是无所谓的。如果工作没干好，却开口谈工资，自然是不能称心如意。想起这店里的两个美容师，服务态度是截然不同。胖点的，在脸上初步清理后，就会敷上水膜，敷水膜的过程，从头开始，再到脖子，然后双手，给你认真细心地按摩各部位，等脸部充分吸收水分后，才开始做脸部护理。

我做的是基本保养，主要是脸部护理和眼部护理，她按摩手势，轻重也合适。平时她会和我聊一些在家时的基本保养，也推荐一些食补法，偶尔我们也聊聊各自的私事。等做好两大护理后，就在脸部敷上面膜膏，等脸部吸收面膜膏的过程，她又开始新一轮的按摩。这个过程，认真、负责、贴心，让人感觉花钱就是值。

那个瘦点的美容师，也给我做过几次。她没有水膜这个过程，脸部初步清理后，就直接进行护理，等两大护理做好，草草按摩一下，然后人就不见了，等面膜膏差不多干时才过来清洗。和那胖点美容师比起来，工作量只有人家的一半。

去美容店里保养的大部分女性，除了保养，更多的是为了享受这个过程。你服务得不好，人家下次自然就不要你做了，嘴快的顾客，直接和老板娘说。给点面子的，只是点名要其他人服务。

服务行业，服务第一。你服务不好，顾客就不喜欢你。美容师的工资又和推销化妆品多少有关，你做的顾客少，用的化妆品少，工资自然就高不了。

我后来再去那里做保养，总是事先和胖点的美容师联系好，她有空才过去。我和胖美容师也曾经聊到过瘦美容师的工作态度，她说，是的，好几个顾客在老板娘那里反映她服务不够好，她几次向老板娘提出加工资，老板娘总是说，你先端正工作态度，把顾客服务好，再来和我谈工资。我和她上班时间一样，她常和我做比较，在老板娘那里嘀咕，说老板娘偏心，对我特别好，工资比她高，却看不到我比她实干。

她告诉我她们核算工资的方式，底薪＋手工费＋提成。底薪都不高，她也只有 1500 元。手工费是给人做一次脸部护理得 10 元，提成是把产品推销给顾客，老板娘给她们百分比红利。她们的应得工资中，底薪只是少部分，主要是手工费和提成的累加。

也就是说，如果服务得好，顾客主动找你做，这就形成了固定客源，一天多做几个顾客，手工费这块一个月就能多赚上千元。当你和顾客建立了一定关系，推销产品时，顾客相对来说比较容易接受，这样又增加了提成这块收入。

胖美容师对我说，底薪再加也加不了多少，只有把顾客服务好，手工费和提成这块上去，总工资才能提升上去。顾客是上帝，没有顾客，也就没有了赚钱的渠道，不把顾客服务好，就是切断了财源。老板娘曾经让顾客给我们平分，这样从原理上说，我们赚的工资应该相差不大，可是她不懂如何和顾客建立良好的关系，那些顾客纷纷提出异议，拒绝让她服务。

只有能做好每一件小事的人，才能做成大事，因为大事是由无数件小事组成的；能做好一件事的人，就能做好很多件事，因为做事最重要的是态度，态度决定一切。不好好工作的人，肯定不会有成绩。成绩都是实干出来的，做得好，你才有发言权，做得不好，你拿什么筹码来发言？

单位不可能养闲杂人，没有成绩的人，没有权利说公平，有了成绩,才有权利说公平。每个人做事都是为自己做的,脚踏实地的人,是给自己未来的好运做伏笔。许多一辈子打工的人,是没有远大抱负,他们在干活时,得过且过,只把日子一天天应付过去。而那些成功的人,不管是不是给人打工,始终努力工作,或许他们自己也没想到,在未来的某一天,他们的踏实肯干,为自己积累了相当的人脉。

不想当将军的士兵不是好士兵,许多美容师,都有开一家美容院的梦想。当你为顾客服务时,你的服务得到了顾客的认同,不经意的一天,你发现自己有了不错的顾客源,这时如果想另起炉灶,这些客源就是你潜在的客户,让你的开始就成功了一半。岁月不会亏待任何人,所有自己认真对待过的日子,终将成为你未来奋斗路上的坚实基石。

世界上从来没有绝对的公平,十个手指都有长短,当你要求公平时,你必须拿出成绩来,这是最有力的证据,没有成绩,何来公平?能干的人,处处都受欢迎;干不好的人,时时遭人唾弃。

李奥·贝纳说:"我所享有的任何成就,完全归因于对客户与工作的高度责任感,不惜付出自我而成就完美的热情,以及绝不容忍马虎的想法,草率粗心的工作,与差强人意的作品。"任何有远大抱负的人,都不会忽略眼前的工作,每次能把眼前事做好的人,他就做好了每一件事。任何一个昨天,都是由每一个眼前组成的;每一个明天,都将变成现在的眼前, 做好眼前事,就是在为幸福的未来铺路,它将带领你走向你要的幸福。

6. 努力让自己成为那个愿意为时间埋单的人

那天和两个朋友相约去大佛寺玩，一个朋友说，我们打的过去，省点时间。

另一个朋友说，就这么点距离，不赶时间，反正是玩，不如走过去，可以省点钱。

要求坐出租车的是在上海做生意的朋友，这次回来，打算和我们这些老朋友，轻轻松松玩几天，放松放松自己。对于做生意的人来说，时间就是金钱，虽然这次她是单纯和我们一起玩，不急于赶时间，可是平时的生活习惯，让她形成了节约时间的概念，对她来说时间比金钱更重要。

要求走路的朋友，是在一般私企打工的普通员工，一天就挣一百来元工资，平均一小时只挣十多元钱。她挣的是辛苦钱，如果走路就能省下钱，这对她来说是件挺不错的事，毕竟和她工作的强度比起来，走路要比干活轻松。

做生意的朋友听了她的话说，我知道你赚钱辛苦，这钱我来付。

打工的朋友说，你是我朋友，你的钱、我的钱都一样，不是因为是你的钱，我们就用得心安理得。

她们两人看着没有说话的我，同时问我，那你说，坐车还是走路？

我说，无所谓，反正今天我把自己交给你们了，坐车也好，走路也罢，你们看着办。

后来，做生意的朋友拦下一辆车，还是坐车走了。目的地和我们刚刚讨论的地方，只有两三里路，坐上出租车几分钟就到了。生意朋友付钱时，打工朋友一脸惋惜地说，你看，就几分钟路程，花了十多元钱，抵我做一个小时的活呢。

生意朋友说，走路至少要半个小时，三个人加在一起，就是一个半小时，你算算，一个半小时能做多少事。如果我们去谈业务，迟到几分钟，说不定单子就泡汤了，这哪里是几十元几百元的问题，可能是几十万的生意。

时间，在每个人眼里，它的价值不同，意义也不同。音乐人陈曦在为母亲过完 60 岁生日后，看到母亲"柴米油盐半辈子，转眼就只剩下满脸的皱纹"时，一气呵成写出了《时间都去哪儿了》这首歌，朴实无华的歌词直达心底，同时惊醒了很多人，让许多人共同发出疑问："时间都去哪儿了？"

时间都去哪儿了？我们唤不回逝去的时间，我们也无法知道还有多少时间属于我们，我们唯一能做的，就是努力让自己的时间有价值，不等蓦然回首时，只感叹曾经被浪费的时光。

我的一位邻居大姐，是一个在家专职码字的高手。她和我说，我只是工作地点在家里，很多人却以为我在家就很空。一次我朋友打电话给我，约我一起去逛街，我说这段时间忙，没空。不料那朋友说，你今天要去哪里，你不是天天在家吗？

大姐对我说，自由职业是相对而言，工作时间可以自己安排，没有明文规定谁来监督你，可是并不是说在家就空啊。如果按她这样的想法，我天天玩，都不用工作了。有人监督的情况下按部就班，是出于无奈；无人监督的情况下自我管理，才是真正的自律。当一个人有足够的自律能力时，才能让自由职业变成职业，不然是荒废时间。

关于时间最大价值化，大姐还和我说起她女儿。她说，现在是暑假，读大学的女儿放假在家，每天什么都不做，不是看电视就是玩手机，时间像水一样流走，就像看着生命流逝一样。看着整天拿着手机的女儿，大姐要求她做家务，孩子反抗道，我好不容易放假在家，能够休息，为什么要我做家务？

大姐对她女儿说，你的时间用来看电视和玩手机，没有产生任何效益，我的时间用来写作，产生了经济效益和精神效益，在同样时间里，你的时间没有价值，像水一样"哗哗"流走，我的时间有价值、有意义。如果在相同时间里，你也在做有意义、有价值的事，那我们的时间是均等的。你用没有价值的时间，帮我有时间价值的人分担一些事，你的时间也具有了价值，所以，当你无法自身为时间创造价值时，你力所能及做一些原本我在做的事，就等于让自己的时间增值了。

关于做家务，大姐的解释是，如果女儿和我都在做同样有价值的事，我作为母亲，宁愿放下自己的工作，去做家务，因为孩子的未来比我长；如果女儿做着有价值的事，我做着没价值的事，这时如果我要女儿来做家务，那我这个母亲降低了时间的价值化；如果我做着有价值的事，她做着没价值的事，她就该做一些力所能及的事，让我的时间更有价值。

虽然每个人都想偷懒，可是对于无力反驳的事，她女儿只能乖乖地每天做起了家务。几天下来，就把做家务这事当成了她的分内事。一个珍惜时间的人，一个懂得如何让时间价值最大化的人，在生活中就能找到很多让自己的时间增值的方法。

其实每个人都要努力让自己的时间价值最大化，时间对每个人来说都是有限的，而金钱却是一个概数。一个愿意用金钱去买时间的人，他必定是一个成功的人。因为时间是世界上一切成就的土壤，世间所有的成功，都是时间累积起来的，没有时间，就没有一切。

鲁迅说："生命是以时间为单位的，浪费别人的时间等于谋财害命，浪费自己的时间，等于慢性自杀。"一个善于利用时间的人，从来都没有充裕的时间用来荒废。时间对于每个人都是公平的，可是一个人对时间的不同观念却决定了时间的价值，时间价值又决定了一个人的人生高度。珍惜时间，让自己的每一分钟都过得有意义，等于是延长了自己的生命。

时间是金钱，时间是速度，时间是力量，时间是构成生命的全部材料。我们的现在和将来，都是由时间构成，当时间对一个人失去意义时，这个人的生命就失去了意义。世间万物，最容易被忽视而又最令人后悔的就是时间。人生一辈子，说长也长，说短也短，但愿我们都能活成那个愿意为时间埋单的人。

7. 天上不会掉馅饼，努力奋斗才能梦想成真

几月前我去逛街，从麦子家楼下走过，刚好遇见麦子，两人闲聊起来。麦子说，我用三万元钱，加盟了朋友推荐的资本运作。操作很简单，把三万元钱打入一个账号，半个月后，对方连本带利打给你三万八千元钱。

三万元钱，半个月利润就是八千，这样的好事，估计许多人连梦都不敢做，我马上意识到，麦子被人拉进了金融传销。

我直言不讳地说，别高兴得太早，这是打着资本运作的旗号在搞金融传销，你被人拉进了传销组织，希望你慎重处置，时刻保持清醒。

她说，是一位朋友推荐的，她还推荐了她姐姐，如果是骗人的，难道她还能骗自己的姐姐？何况我朋友已经拿到了第一笔利润，事实胜过雄辩。

我说，你朋友获得了利润，我信，有一天你获得了利润，我也信。可是这只是暂时的，总有一天你会发现，这一切都是骗局。

麦子悻悻地说，信不信由你，我也是好意。

我相信麦子并没有骗我，只是没意识到自己被人蒙在了鼓里。传销，已由十几年前的实物传销，晋级到金融传销，从面对面的传授，到网络沟通，传销已经无孔不入，人群也越来越低龄化和高学历化。

搞传销的人，为了拉人头，用尽哄蒙拐骗各种手段，已经失去了做人的基本原则。我有个朋友是单身妈妈，想趁着年轻积累点钱，从单位辞职出来，想找一家店面开点心店。她一个几年前去了广西的同事，好久没联系，却突然打电话给她，聊天中知道她在找店面。

几天后，她朋友再次打电话给她，说在广西找到一间合适的店铺，让她去那边一起合伙做生意。朋友赚钱心切，把还在读幼儿园的孩子托付给姐，只身前往广西。她做梦也没想到，几年没见的同事，已不是当初的那个同事了。

到了那里，朋友看到住在一起的人，警觉的她马上意识到自己被骗了。她声泪俱下地和同事说，我现在一个人带着孩子，为了想赚钱，弃子离家，远道而来，你却忍心骗我？

她同事当然说是为了她好。可是头脑清晰的朋友，知道多待一天就多一分危险，当机立断，态度强硬，不管别人劝阻，在一个早上，独自离开那里，想尽办法回了家。

为什么传销严打了这么些年，却越来越猖狂？这是因为许多人抱着一夜暴富的想法，希望自己能侥幸成为人上人，就像那些渴望彩票中奖的人。只要我们留意观察就会发现，那些希望通过买彩票一夜暴富的人，多是没钱的人，而真正的有钱人，他们知道财富是靠创造的。

总以为传销离我们很远，不料一夜之间，却已经频繁地发生在身边的人身上。一个叫贞贞的朋友，因为卷进了金融传销，差点连命都丢了。

贞贞原本和几个朋友合股投资了一家高档餐厅。可是没有餐厅经营经验的几个人，因为管理不善，一年下来，人均亏损已达一百万左右，面对巨大的亏损，几人意见分歧，最后只能关门大吉。

一百万对普通家庭来说，确实不是一笔小数目。当时贞贞的女儿在加拿大留学，一年学费就十几万，房子还在按揭，面对巨大的经济压力，贞贞跌入了崩溃的边缘。这时，她一个同学找到了她，详细介绍了她在做的资本运作，向她描绘了宏伟的财富梦。

贞贞以为在经受磨难后，生活又向她抛出了橄榄枝，自己终于等来了结束厄运的机会，在朋友的鼓动下，她向别人借了六万元钱，跟她同学做起了所谓的资本运作。

有压力才有动力，因为身负巨债，看到有翻身的机会，贞贞很勤奋，每天马不停蹄地奔波在寻找客户的路上，常常在晚上十点后还在客户家，向客户介绍自己的资本运作。

因为勤奋，因为许多同样做着发财梦的人，半年后，贞贞后面居然发展到了一百多号人，她的收入也不错。据她说，已经到了每天赚两万元的地步。一位先哲曾说，上天若要毁灭一个人，必先使其疯狂。

贞贞就是处于这样的疯狂中，她说，她的账号上每天下午四点，都会准时打进两万元钱，然后她又把这钱打入公司账号，让这钱又产生新的利润。看着自己的账号上，已经有了几百万元钱，她推算，照此下去，到年底，自己就会成为千万富翁。

她曾经几次向我推销过她的资本运作，可是从不相信天上掉馅饼的我，一次次拒绝了她。时隔半年，她再次给我打电话，一接通，她就在电话里失声痛哭。那天我当即挂了电话赶去她家，在客厅里，我看到的她，就像从地狱里出来的女鬼，苍白，精瘦，两眼无光，六神无主。

在我再三询问下，她告诉我她从事的资本运作，那些上线已经全部被抓，她的钱没有了。她下面发展的一百多号人，看到自己的钱要不回来，在路上拦截她，到她家里砸东西，甚至有人扬言，如果不把他们的钱还给他们，就要了她的命。

我只能说，没有牢狱之灾就好了，你加入的根本不是什么资本运作体系，而是金融传销。金融传销都是打着开发当地经济的幌子，以政府支持为借口，混淆是非，确实让人真假难辨。已经发生的，没有办法改变，就当是做了一场梦吧。

她说，不可能的，每天两万元的钱打到账上是事实。

我说，这钱你拿出来过吗？

她说，没有，每天下午四点，他们把钱准时打进来，我又把钱打到公司账号，我是想等赚到千万时才收手。

千万元！对多少人来说，是一辈子想都不敢想的财富，可是贞贞就像祥林嫂一样，反复地说，如果不被抓掉，再过半年我就成了千万富翁。

我后来和另一个朋友聊起贞贞的事，朋友说，钱打到你的账号上是事实。关键是，等你要把这个账号上的大笔金额提现时，就不一定能拿出，所以所有的数据都只是网上操作而已。

昨天，麦子打电话告诉我，她的钱打水漂了，派出所里的工作人员，已经打电话告诉她，她参与了金融传销。

水中花，镜中月，都只是一场虚幻的美丽。谁不想做有钱人，有真正赚钱项目的，哪个不是藏着掖着，生怕别人抢了自己的财路，谁愿意把钱双手奉给你，这样的好事，用脚指头想想，都是不可能的事。

天上不会掉馅饼，或许掉下来的是陷阱，每个人都在追求梦想的路上，希望有一天能梦想成真。有梦不错，可是想要圆梦，除了努力奋斗，却没有其他捷径。努力，尚且不一定能成功，不努力，是一定不会成功。别希望天上能掉馅饼，有梦就去追，追求的路上会流汗流血，可是只有这样的成功，才是真实的成功，才会散发出迷人的果实之香。

8. 别让自负，废了自己

朋友纯纯在做销售后勤。她知道我做过统计，她说，销售后勤要面对顾客，遇到难缠的顾客，费尽口舌还是不能说服对方。有的顾客欠款，好话说尽，人家就是不理你。单位领导只看结果，不看过程，有时训人就像驯狗，这活真不是人做的，好比风箱里的老鼠，两头受气。还是统计工作好，只要把数据厘清，不用和人啰啰唆唆。

我说，统计这点好，收集的都是内部数据，做报表，算工资，只要细心，偶尔出点错，也是公司内部的事，来得及补救。

纯纯说，我打算换工作，找统计岗位去做。

我说，统计主要是做报表，销售后勤主要是服务顾客，对于做报表，销售后勤在这方面占的工作量比较少，报表也比较简单，基本是进出账。统计采取的数据，都是单位的原始数据，数据庞大，在汇总统计时没有一定技巧，做起来就会很耗时。

纯纯说，我想想统计工作是比较简单的，只要愿意做，肯定能学会。

只要愿意做，肯定能学会，这想法是正确的。可是现在单位，一般招聘的都是要该岗位的熟练工，你没做过，想想简单，却事实并非如此。你觉得可以学，如果不是熟悉的人带你，谁给你学的机会，每个单位都希望招来的人，能马上上手。

　　这让我想起半年前的一件事，纯纯给我打电话，她说，我们单位的会计要走了，我想想会计这活我能做，我打算和领导去说下，帮我调到财务科去。

　　在我印象里，纯纯没有干过会计这一行，也没有过有关这行的学习。我当时就对她说，你好像没有接触过这个岗位，能做吗？

　　她说，这个应该简单的，现在单位销售报表也是我在做，我以前没有接触过报表，现在不是做得挺好。

　　既然她这么说，我也没有怀疑她的能力，或许人家接受能力比我强吧。过了几天，她又打电话给我，她说，我们这里的会计要走了，领导让我去接手，我让她带我几天，她说，你不是会做吗，干吗要我带？你说，我没做过怎么做啊？至少得带我一个月吧。

　　我说，你从来没有做过会计这行业，即使别人带你，一个月根本学不会。你学会了做销售报表，你就认为什么报表都会做，其实销售后勤，主要是后勤服务，报表并不复杂。像我干了几年统计，如果换单位，至少要三个月后才能比较熟悉，半年后才能得心应手，不过，像我这样干了几年的，去新单位，即使没人带，就是费点时间，怎么做还是能摸索出来。换单位都有这个过程，何况你换到自己没有接触过的岗位呢？你太高估自己了。

　　好为人师的人已经不多，如果你去新单位接手工作，你和前任交接工作时，人家只会告诉你该岗位的一些工作概要，不会告诉你具体怎么操作。现在大部分单位招岗位员工时，都要求有该岗位的工作经验。有工作经验的人，即使在没人带的情况下，多少还是能摸索出工作方式，如果带一个新手，除非是自己熟悉的人，一般的人不可能会无私地把自己的经验告诉你。

这次纯纯又说，她想转做统计岗位。做任何一个岗位都行，你在接触这个岗位前，最好能熟悉这岗位的工作，这岗位都没有熟悉过，凭想象觉得简单，这就是一种错误。其实做好任何一件事，都不可能是简单的，抱着轻敌的人，往往学不到这行业的精湛技术，当他们一知半解时，就认为自己已经拥有了足够的技巧。

学习知识的过程可以分成三步：第一阶段是一窍不通，这个时候你什么都不懂，更不要说提出问题；第二阶段是似懂非懂，你略知一二，却有许多疑惑，这个过程是你不断提出问题的过程；第三阶段从一知半解到懂的过程，你提出的问题逐个得到解决，当提出的问题得到了解决，你就到了掌握知识的过程。

最可怕的过程是你提不出问题，却以为自己全懂。一些人常把问题想得过于简单，到实际操作时，却发现与想象相差太远。给了自己错误的判断，这是过分自信的表现，也就是自负。一个自负的人，总觉得自己什么都能。这类人最大的优点是果断，敢想敢干，不拖泥带水，但是很少能成功，因为他们无法准确把握事情的脉搏，常使自己处于不利的情况。

一个人应该要认识到自身的不足，一个不能正确评价自我的人，对周围环境洞察力的识别不够，降低了分析和判断问题的能力，对选择适合自身个性发展的理想环境存在一定冲突。

我的另一个朋友小沫，也是个自负的人，不愿听别人的分析，喜欢自己怎么想就怎么做，却常常让自己跌得头破血流。

去年，他们小区有个人把车库装修后用来卖水果，她看到那家水果店生意很好，就打算把自己的车库也进行改装，用来卖水果。那天我在街上碰见她，她正在买装修材料。她看到我，唾沫四溅地和我说了这件事，她说，我们小区有一千来个人，那家水果店生意这么好，只要有一半生意到我这就够了。

我具体问了已开的水果店情况，得知那个车库靠近小区大门，小区人员进出都要经过他们门口，这就加大了客源流动量，而小沫家的车库在小区中间地带，经过的人明显少了一半。

还有，只有一家店时，价格只要不比小区外面的店贵很多，大家为了方便，会选择在小区里面买。如果有了两家店，大家就会进行价格比较，这样一来，两家店就会进行价格战。重要的一点，如果差不多价格，大部分人喜欢在老店买。

我把自己的分析说给小沫听，希望她能慎重一点。虽然任何生意都有风险，不可能有百分之百的保障，但是如果一开始就有太多不利因素，就需要慎重考虑。

小沫说，不考虑了，平时我和小区里的人关系不错，相信我能做好。

有的事，开始就注定了结局，这个过程短暂得让自己都惊讶。仅仅两个月，再次遇见小沫，她沮丧着脸告诉我，水果这东西，很难保鲜，今天进来的货，明天就不新鲜了，只能折价卖，等到后天就烂了，只能倒掉。我卖的价格，只比进价高一点点，人家还说我贵，你说我能有什么办法，亏损两个月，只能关门大吉。

万事开头难，许多店经营不下去，就是输在开头。一、顾客不稳定；二、进货渠道没优势；三、面对起初的亏损心里没底，而开始往往是要亏损的。

那些自负的人，总认为自己是对的，考虑问题时常从自己的喜好判断出发，先入为主。即使别人提出合理的分析，他也不会听从劝阻，这种有勇无谋的主，容易让自己吃亏。

我们不能做自卑的人，自卑让人裹足不前，不肯积极付诸行动，这样的人往往抑制了自己成功的行为；而自负，却过分相信自己，以自我为中心，这类人容易轻视他人的言语和行动，使自己的判断失误；我们不能自卑，不能自负，却要自信，仔细观察周围的环境和事情，用自信做出准确的判断。这不仅是决定一件事情成败的关键，更重要的是，它让你找到准确的方向，只有准确的方向，才能驾驭努力和奋斗的这匹战马，疾驶向成功的终点。

9. 等谁撑伞都不如自己打伞

　　苏云和我同村、同岁，是从小玩到大的伙伴。她父亲从我记事起就一直在外经商，她家条件在村里数一数二，读书时，她一直是班里是穿得最漂亮的那个。苏云就这样顺风顺水地长大了，大学毕业后在县城找了份轻松的工作，找了个条件挺好的男友。

　　幸福总不会一辈子青睐于某个人，太过幸福的时候，生活总会发生点小插曲。那一年，他父亲打算扩大业务，在一个熟人的介绍下，第一次和外商做生意。结果外商收了货后就像在人间蒸发了一样，再也联系不上，致使经商多年的父亲，血本无归外，还欠了一屁股债，从此一蹶不振。

　　父债子还，天经地义，苏云是家里的独生女，这债自然就落到了她肩上。屋漏偏逢连夜雨，原本已经在商量婚期的男友，以照顾她情绪为由，提出暂时停议婚事。

　　面对突如其来的人生变故，没有经受过生活挫折的苏云，不知道人生该如何继续。回到家，看到一下子老了很多的父亲，心疼如绞，

177

再看看失去主见的母亲，已经连一顿饭都做不好，不是烧煳，就是夹生。她不知道自己该做什么，只知道在这个时候，自己必须陪在父母身边，因为自己已经成了他们的依靠。

她辞了职，回到乡下，照顾父母的饮食起居。她知道，活人不可能被尿憋死，只要活着，总有挺过难关的一天。在乡下的日子，有大把大把的空闲时间，除了陪父母聊天，她学着打理菜地，因为家庭变故，原本长满绿油油蔬菜的菜园，已经荒草萋萋。

她在菜园里开垦，锄草，播种，施肥。有了耕耘，就有收获，那些地里的蔬菜，在苏云的精心呵护下，生根，发芽，长叶，吸取阳光和雨露，在时光中慢慢舒展。

大地是位朴实的老人，你给它什么，它回馈你什么。到了收获的季节，苏云家的菜长得比有经验的老农种的还要好，这样一来，菜园里的菜自家根本吃不完。乡下每家每户都自己种，送给左邻右舍也没人要。

临睡前，苏云也玩玩手机，在朋友圈发发自家的菜园，对那些生活在钢筋水泥里的打工族来说，田园、乡居、清风、阳光，是他们的诗和远方，一大群人都在她朋友圈里点赞，还开玩笑让她给他们送菜。

苏云想，我家的菜都是无公害蔬菜，与其让吃不完的菜白白浪费，不如把多余的应季蔬菜发在网上卖，有人要就直接送上门。于是她开始在朋友圈里发自己的菜园，把种菜的过程用照片记录下来，每个人都能看到菜的生长过程，等到采摘期，就在菜上标上价格。

没想到，居然有很多朋友争着买。苏云把菜拿回家，整理清爽，标上价格，按着留言顺序，照着地址挨家挨户送去。她采取了微信转账的收款，这样少了准备零钱的麻烦。当有的人不在家时，即使把菜直接挂在门把上，也不影响收款。

苏云只是把自家吃不完的菜卖掉，可是强大的朋友圈，给她带来了不少客户，很多希望能吃上纯绿色蔬菜的城里人，很乐意她的销售方式。在这个商业社会，往往是商品供过于求，供不应求的商机，已经很少存在，可是这种机会被苏云碰上了。她想到了村上的其他农民，在农村，应季蔬菜每户人家基本都是吃不完，多了只能扔了或任其在地里老去。

苏云和其他村民商量，她出个价，让他们把菜卖给她，她再卖到城里。对农村人来说，吃不掉的菜就是废品，一分不值，现在能换钱了，那真是天上掉馅饼了。

就这样，苏云开始做起了蔬菜生意。她趁机鼓励父母上山多种点菜，这样不但对他们身心有好处，还能增加经济收入。她的父母原本就是农村人，干农活自是一把好手，看女儿做起了蔬菜生意，能搭上一把手，心情也舒畅了不少，就每天去山上忙碌了。

适当的劳动，良好的空气，有规律的生活，使苏云父母的情绪放松了，心情好起来了，加上来来往往的邻居，家里渐渐有了生机。好东西总是受大家欢迎的，知道她的人越来越多，加她微信好友的人也越来越多，她的朋友圈越来越受人关注，生意也越做越好。

那些村民，以前没想到过种菜卖，因为离县城远，挑着菜去卖不切实际，现在看到苏云收购他们的菜，许多村民为了增加经济收入，把空闲的地都种上了菜。苏云看着自己的无心之举，不但给自己找到了创业之路，而且帮村民们也赚了钱，真是两全其美。她干脆跑到县城联系了几家食堂，平时零售订购后多余的菜，就销给这几家食堂。那些食堂老板，看到这姑娘人实惠，菜又好，大家都愿意帮她，不管余多余少，剩下的都会收下。

几年后，苏云的村成了县里有名的种菜专业村，他们生产的都是无公害蔬菜。这点苏云把关很严，像她所说，任何一个行业，品质永远第一，只有合格的品质，才有永远的消费者。

信任是建立在双方长久的合作中，一次不忠，百次不容。苏云知道，商德即人德，一个讲道德底线的人，才能在生意场上立于不败之地。她遵循这个道理，凭着良心做买卖，让自己的路越走越宽。

在电视剧《我的前半生》里，罗子君曾经说："不管是在婚姻、事业、友情中，人都要有独立的自我，与其等着别人给你撑伞，不如自己给自己打伞。"是的，想要不湿身，就得自备伞，许多时候，靠山山倒，靠树树倒，只有靠自己，才永远不会倒。

当发小苏云和我说起这件事时，已经是她生意做得顺风顺水时。我因为那几年一直在外地，偶尔回家，也是来去匆匆，两人一直没有时间详谈。她对我说，我喜欢这份工作，每天都能近距离地接触灿烂的阳光和清新的空气，还能和家人在一起，这是多么幸福的事。

塞翁失马，焉知非福，如果没有这场变故，或许她一辈子坐在写字楼里，每天对着电脑辐射，看一眼湛蓝的天空都是一种奢侈。城市是个庞大的容器，收纳五湖四海的人，每个人的今天却在不断重复自己的昨天，人们容易在钢筋水泥中迷失方向，永远找不到自己。

有人曾经说：“我感谢苦难，苦难之前它给我幸福，苦难之中它给我托儿所，苦难之后它给我宁静。”人生确实如此，能挺过的苦难其实是一种幸福，是凤凰涅槃的那把大火。

想起一个关于伞的哲理故事：一个在屋檐下躲雨的人，看到观世音菩萨撑着雨伞走过，他对菩萨说：“菩萨，普度一下众生，带我一程，可好？”菩萨说：“我在雨中，你在屋檐下，屋檐下没雨，我如何度你？”于是那人走到雨中说：“我现在在雨中了，菩萨，度我一程吧。”菩萨说：“你在雨中，我也在雨中，我没有淋雨，是因为有伞，你被雨淋，是因为没伞，所以不是我度你，是伞度你，若要得度，就找伞去吧。”说完，头也不回地走了。

若要得度，就要找伞；若要不淋雨，就得常备伞。等谁撑伞都不如自己打伞，永远不要指望谁能给你撑一生的伞，为你遮风挡雨一辈子，这是不可能的，只有自己才是你自己最可靠的指望，为自己打伞，才能永远拥有一片无雨的天空。

10. 你不勇敢，没人替你坚强

凌晨两点，我正在酣睡中，朋友间间的电话吵醒了我。她在电话里说，我一夜未睡，现在想去他单位，看看他办公室里到底还藏着多少见不得人的东西。

我说，你考虑清楚，大半夜去人家单位，人家可以把你当小偷。

她说，你说，我还能怎么办？当初离婚时是协议离婚，财产没有经过公证，听说没有经过公证的财产，上诉后可以重新分配，后悔自己当初没有叫他去公证，现在他死活不肯去公证了。

我说，经过婚姻登记管理部门登记的财产协议是具有法律效力的，无须公证。你常说他隐藏了财产，在离婚前没有搞清楚，到现在再搞，是很困难的。其实我认为，不管今天之前做错了多少事，我们已经没有能力改变，我们唯一能做的是，从现在这刻起，尽量少做后悔的事，慎重做好每件事。

间间说，我去问律师了，律师说有的人离婚后就没有想过要复婚。我当初希望他能改变自己，然后再复婚，所以没有把他赶出去，现在他肆无忌惮了。

我说，婚姻不是儿戏，离婚时就该考虑清楚，既然离了，就不该在一起，就不该抱有复婚的念头，不然离什么。

她说，选择住一起，是为了不想让孩子知道离婚的事，这样对孩子伤害太大。

如果觉得离婚对孩子伤害太大，当初就不该选择离婚，现在拿孩子做挡箭牌，其实是自己放不下，却不肯承认。十几年的夫妻，断了骨头连着筋，但是既然选择了分开，就得面对现实，离婚，不是贬义词，就像结婚不是褒义词一样，这只是自己选择的一种生活方式。

间间离婚已经两年了，因为男方不断出轨而选择离婚。他俩都是外地人，在这个城市，除了同事，只有彼此才是对方的亲人。离婚后，房子判给了间间，却仍住在一起，以间间的话，是为了不让孩子受到伤害。善意的谎言是需要的，如果为了孩子做好表面文章，也不能说是坏事，偏偏他们却还三天两头吵架，我实在不知道，他们这样住在一起还有什么必要。

其实她在离婚前也找我商量过，我当初就说，如果不想让孩子知道，继续生活在一起，如果对方不坚持离婚的话，你有什么必要坚持离婚呢？离不离婚并不是关键，关键是学会放下。

可是间间最后还是选择了离婚，她说不离婚咽不下这口气。

离婚不是用来赌气的，选择离婚，是因为婚姻给不了我们想要的幸福，是为了让自己的生活更美好。可是离婚后的间间一直没有放下，还像以前一样，不断追问他的私事。这时，他已经成了别人，除了是孩子他爸，和她再没有牵连，间间没有明白这个道理，或许明白了，只是做不到放下。这时，对于一个婚内就出轨的男人来说，没有了婚姻的束缚，就像山上的野猪，更是放浪形骸了。

间间不断找我倾诉，我认为事已至此，彼此分道扬镳，互不打扰才是最好的办法。间间却说，如果要他搬出去，以后他的钱全给别人了，至少现在他还给我们母子俩生活费。

无欲则刚，一个女人对一个男人，还有着无穷的欲望，还想从他身上得到好处，那么你就只能低着头，你的尊严活该被人践踏。其实，从婚姻解散的那一刻起，你们已经没有关联，如果对方愿意帮助你，也只是出于人道主义，他的钱给谁用是他的自由。你，对他来说，也已经成为别人。

我能理解间间的痛苦，出轨的男人就像掉在屎上的钱，捡了恶心，不捡可惜。可是既然当初选择了离婚，就有当初选择的理由。当断不断，那不是别人的错，是自己的错。一个人走在错误的路上，就只能不断演绎错误，只能不断收获错误带来的恶果。

就像有些孤独的女人，想找一个男人来填补空虚，或许那一刻，得到了心理和生理的满足，可是人去楼空，那寂寞并不会减少半分，反而会增加。寂寞的女人，不是靠一个男人的安慰和性就能解决，最重要的是要想办法充实自己，让自己有强大的内心去抵抗寂寞。当然，人不是铁做的，偶尔的脆弱谁都不可避免。

托尔斯泰说，幸福的家庭总是相似的，不幸的家庭却各有各的不幸。家庭是社会的细胞，婚姻给很多人带来安定和快乐的同时，也有很多人在这个旋涡里品尝痛苦。

我想起另一个在婚姻里不快乐的朋友，她常向我说起夫妻间的隔阂。一天晚上，他们夫妻吵架后，朋友来我这里求安慰，她声泪俱下，控诉她丈夫的不是。清官难断家务事，夫妻间常常是这一刻吵得天翻地覆，下一秒却又温暖如春，面对她的倾诉，我只能找些词语安慰。

她后来说，我真想去找一个男人，如果遇见好男人，我立马和他离婚！我觉得我的人生太失败了，老公对我不好，情人又没有，我活着只是在浪费。

一个人，只有在自己最好的状态下，才能遇见合适的人。在寂寞空虚时遇见的人，只是逢场作戏，给不了你一生的承诺。每个人都有自身的优点，要靠自身的优点去吸引人，才有可能遇见优秀的人。

每个人从出生就走在自己的大路上，那些不断遇见的人，随时可以离你而去，比如父母、孩子、配偶、朋友，没人会保证陪你走完一辈子，只是时间长短而已。 一个人孤单单地来世，又孤单单地去世，你不勇敢，没人替你坚强，你可以选择前行的路，可是一旦选择，即使跪着也要走完。

我们的命运，在前世已经安排好了，伤害你的人，是你前世欠他的；被你伤害的，是前世欠了你的。前世没了的情缘，这辈子再来纠缠。当我们为人妻、为人母时，说明我们已经成熟，一个成熟人的标志就是，面对一切不完美时，能够淡然处置。不强求于人，也不勉强自己，不执着于某事，凡事尽人意，却听天命，懂得随遇而安。

谁都希望能按着自己的心愿生活，可是现实却往往相反，我们接受不完美的人生时，努力做好自己。哭过几次，学会了坚强；怕过几次，学会了勇敢；烦过几次，学会了承受；累过几次，学会了自立！

难受时，就抱头痛哭，让眼泪冲走悲伤，哭过，就擦干眼泪，重新上路，不要被旁人羁绊。你不勇敢，没人替你坚强。你不快乐，便是阴天；你若安好，便是晴天，善待自己，才能处处遇见春天！

第五章

识别渣男，把握住人生的幸福

遇见不一样的人，会有不一样的人生，如果你不能给我想要的幸福，我会果断离去。即使世界只剩下我一人，我也不会悲观，永远不会放弃寻找幸福的自己。

1. 疑心太重的男人，交往太累

几个月前，和好友洋葱在一起吃饭。吃到一半，洋葱拿起手机对着我要拍照。我连忙用手挡住，说，干吗干吗？你又不是不知道，我向来都不喜欢别人给我拍照，是不是想发朋友圈晒吃的？晒吃的，你就拍桌上，拍我干吗？

洋葱说，让我拍一个，就一个，或者不拍脸，就拍脖子下面，证明你是女的就行。

我火大了，说，本姑娘活了这么大把年龄，从没怀疑自己是男过，干吗要你来证明我是女的？

她可怜兮兮地说，就当是帮帮我，让我拍一个，行不？

我被她搞得莫名其妙，别人不高兴为什么非得要拍？这不像平时的她，我疑惑地问，你怎么了，为什么要证明我是女的？

洋葱说，我才懒得证明你是女的，只是想证明我现在是和女的在一起。

向谁证明？我看着她问。

她显得有点无奈地叹口气，说，前段时间交了个男朋友，人长得不错，工作挺好，家里条件也可以，所以想试着交往。

你交往就交往吧，与我何干？我还是没搞明白。

她说，这人其他方面都挺好，就是管我有点严。每次我一个人出门，他就要我汇报和谁在一起。不过他也没有其他要求，只是让我拍个照发给他，证明是和女的在一起就行。

然后，你每次都这样做了？我问。

她说，你说，那我该怎么办？人无完人，金无足赤，就这点毛病，也不是大毛病。我也抗议过，他说他在乎我，和我交往是以结婚为目的，所以不希望自己的女友是个随随便便的人。

谁都希望自己能遇见真心相待的爱人，执子之手，与子偕老，是每个人对爱情的最终向往。可是爱一个人，是尊重她的思想和主见，是放下自己的尊严，是给她足够的空间，而不是去约束，去占有，让她成为自己的附属品。

我明白了，洋葱遇上了一个多疑的男人。那天饭后两人道别时，我对洋葱说，挑伴侣，最重要的是人品。外貌、职业、家境，这些只能是附加条件。如果性格有缺陷，就很难得到想要的幸福，对于你现在的男友，希望你三思而后行。

有则关于风和太阳的寓言故事，是这样的：一天，太阳和风在争论谁的力气大。太阳说："那边有口结满冰的池塘，看我们谁有本事把那些冰搬走，可好？"风说："当然可以。"说完，鼓起腮帮子，朝着那口池塘使劲吹，想把那些冰吹散，谁知，那些冰一动不动。后来，风吹累了，只能站到一边。

这时，太阳从风后面走出来，它开始把温暖的阳光洒向大地，也同时洒在那口结满冰的池塘里。池塘里的冰，因为吸收了阳光的热量，开始慢慢融化。太阳继续晒着，温度越来越高，冰块越来越少，最后，整个池塘的冰融化了，水面泛起涟漪，在阳光下波光粼粼。

太阳对风说："只有温暖和友善，才能打开人的心扉，才能把爱留在身边。"

是的，靠约束和管理得来的爱，不会长久。只有以心换心的爱情，才有希望一起终老。疑心病很重的人，是没有自信的表现。一个没有自信的男人，容易发脾气。男女朋友之间偶尔吃点醋是正常的，如果没有缘由的怀疑就不应该。当女孩每次单独行动时，就要全程汇报，这样的男人，是因为自身底气不足。两人间的爱情，最重要的是互相吸引，要靠自身散发出的特有气质，去牢牢吸引对方。

昨晚十二点，洋葱在城市广场打电话给我。等我赶过去，她一把抱住我，开始失声痛哭，这委屈，就像走失的孩子找到了亲人。

等她哭得差不多了，我扶她在旁边的石凳上坐下，问她原因，她说，男友平时都要求我在晚上十点前回家。今天到家时间迟了十几分钟，他就不断问我迟归的原因，我告诉他路上遇到一个熟人聊了几句，他不信，要我把那人的电话号码告诉他，他要打电话去问。两人吵了起来，我就跑了出来。

原来，随着两人关系的加深，男友对她管得更严了，平时和朋友同事聚会，都要求带上他。起初，洋葱依了他，觉得自己已经把他当成结婚对象，让大家认识一下也好。可是有些场合，实在不适合带上，他就会在中途不断打电话来，让她汇报细节。最后，他居然要求洋葱把自己认识的人的电话号码全部告诉他，这样当她说和谁在一起时，他就可以打电话去证实。

洋葱说，我实在受不了了，再继续下去，我要疯了。开始考虑到他是公务员，城里又有房子，父母都有退休金，这样以后养老压力轻，总以为自己想得面面俱到，他的这个缺点就没当一回事，认为路遥知马力，日久见人心，总有一天他会知道我的好，谁知自己给自己下了套。

我问洋葱，你知不知道，他一直以来就多疑，还是因为某种原因造成？

洋葱说，我们常为这事吵闹，吵过后，他总是很后悔，然后不停地向我道歉和表白。他告诉我，他以前交过一个女友，已经准备结婚。有一晚女友说在加班，他临时决定去接她，没和她打招呼，直接去了她办公室，结果在她办公室里，看到女友正和领导抱在一起。他们也因此分了手，从那时起，他再也不相信别人了。

我说，那你现在怎么办？

洋葱说，除了分手，已别无选择，不然我真要崩溃了。我早已考虑分手，只是他一次次求我，向我保证，让我给他机会，我给了他很多次机会，可是他还是给了我失望。

曾有人说："爱情是不受制约的，一旦制度想施淫威，爱神就会振翅远走高飞；爱神和其他诸神一样，也是自由自在的。"爱情，是心与心的相吸，是两颗灵魂的碰撞，相爱的两个人，心里眼里只有彼此，却不是占有。爱情没有规则，每个人相爱的方式不同，可是不应该带有条件，不然只能物极必反。

一个男人成熟的基本标志是有自制力，一个连自己的脾气都控制不住的男人，他给不了女人想要的幸福。这样的人，即使再优秀也要放手。爱一个人，如果连基本的自由都没有了，还谈何幸福？

爱一个人，就是尊重，就是给她想要的幸福，如果做不到，爱情就会溜走。我们都不是救世主，如果不能确定对方能不能给自己带来幸福，那就忍痛放手吧，毕竟未来还很长，我们始终要朝着幸福的方向奔跑，获得幸福，才是我们唯一的目标。

2. 有了第一次动手，就会有第二次

　　叶子原本有一个幸福的家庭，和丈夫在自己家里搞了个家庭小作坊，一年也有十多万收入。可是幸福就像一颗玻璃球，说碎就碎了。叶子不知道丈夫是什么时候开始赌博的，等她知道时，账户上的钱已经被他赌完了，还向地下钱庄借了高利贷，那些放贷人拿着刀来家里逼钱时，她才知道。于是，她人生的噩梦就这样开始了。

　　看到自己辛苦了几年，才把这个家建得像模像样，却眼看着即将毁于一旦，叶子心痛如绞，忍不住放声大哭。痛过，哭过，等到冷静下来，她安慰自己，结婚时这家也是一穷二白，就当重新开始吧，和那时相比，至少起点不一样了。

　　她和丈夫商量，让他收心，以后一起好好干，先把高利贷还了，已经输掉的钱，就当破财挡灾吧。

　　她丈夫听了她的话，起初很感激她的宽宏大量，答应好好干，愿意一起重建家庭。可是过了一些日子，想到自己辛苦了这么多年的钱，被自己一下子输完了，越想越懊恼。开始在外面偷偷喝酒，俗话说，借酒消愁愁更愁，喝多了，越想越不甘心。有几次，他借着酒劲向叶子要钱，他说，这样做，要猴年马月才能还得了钱，你给我钱，我就不相信我能常输，那段时间因为运气不好，才一直输，运气是有周期的，我相信自己的晦气期已经过去了。

叶子好心劝他，告诉他那些开赌店的人，是设计好了圈套让他钻，他是怎么也不可能翻本的。

那天他又不肯干活，问她要钱，叶子想到这个好端端的家，已经被他搞成这样了，还不知悔改，想到自己做牛做马，还不是为了这个家，实在忍无可忍，就指着他骂了几句。

那男人听到叶子骂他，怒气冲天，一把抓住叶子的头发，把她摔在地上，另一只手在她头上就是几拳。叶子也急了，抱住他的腿，就用嘴咬，被咬痛的男人，拳头更是雨点般地落在叶子身上。这时，刚好有邻居看到，才把他们拉开。

叶子的脸上和身上，被他打得青一块紫一块，在邻居的陪同下去医院配了药。回家后的叶子躺在床上，浑身酸痛得下不了床，男人看到被自己打得躺在床上的妻子，又想到欠着的高利贷，想起以前幸福温暖的家，因为自己一时糊涂，被自己亲手毁了。真是一失足成千古恨。想到这里，他痛哭着跪到床前，拉过叶子的手说，叶子，你打我，你打我，我不是人，是畜生，一个好好的家被我毁了，我还打你，你打我，你打我啊。

十来年的夫妻，就像左手和右手，叶子听到老公的话，想起那些曾经恩爱的岁月，抱着他的头，一边哭一边说，只要你不赌博，不喝酒，只要我们好好干，等把债还了，我们的生活就可以重新开始，只要心不死，人就不会被憋死。

男人听了叶子的话，拿起手连扇了自己两巴掌，他说，有你这样的好老婆，如果我再不好好干，我就不是人。

叶子拉住他的手，让他去给自己烧点吃的。男人连忙钻进厨房，给叶子做了点心，叶子吃着男人第一次给她做的点心，虽然眼泪滚进了碗里，但是心热了。她想，只要两人齐心协力，就没什么可怕的。

接下来的日子，男人在家里安安稳稳地干了几天，几天后，那些放高利贷的人又拿着家伙来她家催钱，叶子好说歹说，才把他们劝走。

那天，好几天没喝酒的男人，又在外面喝醉了，醉醺醺地回了家。叶子看到走路跟跟跄跄的男人，想去扶他一把，哪知他随手一推，把叶子推倒了，被摔痛的叶子，气不打一处来，指手就骂，你这不争气的东西，说话像放屁。

借着酒劲，男人走过来朝着叶子踢了两脚，两人再次厮打在一起。这时，他看到旁边有把刀，操起刀朝叶子挥来，叶子差点被他砍到，还好她跑得快，才逃过一劫。

生活一旦打破了平衡，就很难再找到平衡点。原本平静的生活不见了，日子变得千疮百孔。一心还希望能把家撑起来的叶子，和丈夫争吵几次后，彻底死心了。那男人一不开心就喝酒，喝酒后就争吵，争吵后开始打架，打架后又不断求叶子原谅。

生活，进入了这样的恶性循环，起先几次，叶子在他的哄劝下，总是选择原谅他。可是随着吵架时间间隔越来越短，她的忍耐性最终被磨完了，两个像火药一样随时要爆发的人在一起，注定战火将不断升级，仅存的感情，在不断的争吵中消磨殆尽。

男人和女人的生理构造决定，女人在力量上是处于弱势，男人打女人，就是明显的强者欺负弱者，就像大人欺负孩子，是件卑鄙的事。家庭暴力是一种社会和生物因素共同作用的现象，是一种野蛮的行为。有史以来，家庭暴力一直存在，受害者多是妇女和儿童，引起暴力的因素虽然很多，可是心理因素起着极为重要的作用。

一个男人对一个女人施暴，首先，是欺负弱者；其次，说明他控制不了自己的脾气，一个连自己的脾气都控制不了的男人，更不要说能给予别人什么幸福；最后，一个打女人的男人，他心中对女人的爱，已经值得怀疑了，一个真正爱女人的男人，是舍不得打自己喜欢的女人的。

我的朋友桐子，也是家暴的受害者。她和丈夫结婚三年后，还没怀孕，在双方家长的催促下，两人去做了体检，不会生育的果然是桐子。自从知道自己不能生育，桐子感觉自己再也抬不起头，在男人面前总是低三下四，那男人看到自己居然娶了个不会生育的女人，开始辱骂她。

桐子想到自己不会生育，再嫁人也困难，任由他骂，当那男人向她提出离婚时，桐子不愿离婚，建议去领养一个孩子。那男人一听说领养，一火就甩了桐子几个耳光，被打得晕头转向的桐子，只能低声哭泣，有了第一次动手，就会有无数次动手，从此后，被那男人甩耳光成了家常便饭。

有一次，桐子的耳膜被那男人打坏了，一个人在医院检查时，遇到一个在妇联上班的同学，当她了解到桐子的生活现状时，对桐子说，如果两个人的生活并不快乐，为什么不试着一个人过；如果婚姻给不了你快乐，为什么不试着走出婚姻？

人生无法完美，当我们自身存在的缺陷无法改变时，我们要学会接受不完美。不孕不育，对科技这么发达的今天来说，并不是什么难题，只是多花点钱而已。而一个男人，因为这个原因对自己的妻子拳打脚踢，这样的渣男还有什么可以留恋，没有婚姻，并不表示没有幸福的人生，婚姻，从来不是幸福的保障。

最后，桐子果断向法院递交了诉状，告那男人家庭暴力罪，要求离婚，并获得相应赔偿。

如果今天的你不快乐，明天的你还是没有希望获得快乐，为什么不试着去改变生活现状。大不了一个人过还是不快乐，至少不会受人欺凌，可怜之人必有可恨之处，许多人宁愿继续不快乐，也不知道如何去追求快乐。

当你不快乐的生活已经持续了一段时间，发现自己暂时没有能力改变不快乐的环境时，试着去改变自己。一个人有勇气改变自己，才有机会改变环境，才有机会让自己快乐起来。

我们要对自己的生活负责，要尽最大可能让自己幸福，是否家暴，是衡量渣男的基本要求，习惯家暴的男人，性格会变得膨胀和病态。如果不幸遇见了家暴男，就勇敢分手，不要把悲剧一演再演，变成悲情的连续剧。命运从来都由自己掌握，勇于改变自我，才有可能遇见想要的幸福。

3. 远离只想和你上床的男人

香妮和男友小牧交往已经半年了，香妮去过小牧家一次，从他妈那天对她不冷不热的招待中，香妮意识到，他妈并不是很喜欢自己。在香妮一再追问下，小牧不得不承认了。

小牧说，你不要多想，我喜欢你，要娶你的人是我，要和你过一辈子的也是我。我妈总归是疼我的，我相信，总有一天，我会把这事摆平的。

香妮想想自己和小牧已经交往了半年，自己对他也有好感，说断也不是那么容易，听了他的话，只好说，你妈现在不喜欢我，我不怪她，因为她不了解我，有一天我们相互了解后，说不定她就喜欢我了。什么时候你也跟我回去见见我的父母吧，如果我父母也不同意我们交往，就考虑一下分手的事。

小牧说，过段时间再说，等我把家里人工作做通，再去见你父母，到时就好说话，你说是不是？

香妮听小牧如此说，也就不再多说。一天晚上，他们看完电影出来，小牧把香妮送到她的住处，在门口迟迟疑疑不肯离去。平时，他送她到门口互道晚安后就分手回家，那天他说，妮，我能进去坐坐吗？

香妮看看他，略微沉思下说，已经晚了，要不就坐一会儿。

进屋后，小牧一把抱住香妮，把她带到床边，开始亲吻她，并伸手要解她衣服上的纽扣。香妮坚决地推开了他，说，现在你家没有接纳我，你也没有见过我父母，我们的事八字还没一撇，做这样的事，太草率了。

小牧说，我爱你，妮，我家的事我肯定会解决，等我做通了我妈的思想工作，再去见你父母，你迟早是我的人，早一天和迟一天，不是一样？

香妮说，等双方父母都同意后再说，请你尊重我，你回家吧。

香妮打开门，示意他走，欲言又止的小牧，看看香妮坚决的态度，只能悻悻地走了。

后来，小牧几次提出这事，都被香妮拒绝了。香妮也好几次提出，要带小牧去见自己父母，小牧都以先解决自己这边问题为先，委婉拒绝了她。有一次，看着又一次拒绝了他的香妮，小牧冷冷地说，你连身子都不肯给我碰，还说什么爱我，你的爱是虚假的，两个真心相爱的人，应该是灵魂和肉体的碰撞。

香妮听了他的话后，重新审视了自己和小牧的这段感情，想到他母亲对自己的不喜欢，想到他不肯跟自己回家见父母，每次自己提出让他去见自己父母，他总找各种理由拒绝。倒是很多次想和自己发生关系，被自己拒绝时，就显出不耐烦。

两情若是久长时，又岂在朝朝暮暮。香妮认为一个不肯见自己父母的男人，说明他没有真心，想到这，香妮给小牧打了个电话，在电话里说了分手的事。然后，把他所有的联系方式都拉了黑。她对自己说，宁愿骄傲地单身，也不要卑微的恋爱，只要自己足够好，不怕遇不见合适的。

世上最痛苦的感情，莫过于徘徊在放弃与不放弃之间的一刹那，等真正下决心放弃时，反而有一种释然的感觉。人生如此，总有些事会给我们伤痛，这些伤痛却会在未来的路上指引我们。如果看不到更好的未来，就要果断放弃，不把手里的垃圾扔掉，又怎能接住送来的鲜花呢？

同样的事，也曾发生在我好友图图身上。图图单位新来了个男同事，学历高，长得帅，活泼开朗的图图主动追求起他来。俗话说，男追女，隔座山，女追男，隔层纱。用不了多久，图图和那男同事就有了肌肤之亲。

夜长梦多，为了和自己心爱的男人在一起，图图想带男友去自己的家，见过自己的父母，如果可以，就把关系定下来。谁知男友听说要去她家，总是找各种理由推辞。有时候和朋友聚会，她也想把自己的意中人带给大家看看，可是她男友认为时机未到，不肯和她一起参加聚会。

起初，图图并没觉察到什么，还认为男友是个与众不同的人。可是一段时间后，图图发现，她打电话约男友时，男友总是借口家里有事，除了偶尔和她过几个夜，平时见到他的时间已经越来越少。

一天下班后，图图想约男友一起吃饭，可是男友说家里有事，要回去。那天晚上，图图就约了朋友去看电影，等从电影院出来，她看到男友和一个女孩，也刚好从另一部电梯里走出来，图图冲过去质问男友。

那男人无辜地站在一边，反倒是那女的指着图图说，他并不喜欢你，只是你很贱，随时可以让男人上你的床，可以免费上的床，哪个男人不喜欢？

图图转脸看向男友，那男人看都没看她。图图问他，我是真心喜欢你，对你一见钟情。她说的是真的吗？你只是想和我上床？如果是这样，你为什么不告诉我？

那女人拉起男人的手，走了，临走前还回头对图图说，回家照照镜子，看看自己是什么货色。

图图看着两个离去的背影，蹲下身，哭了。

当女人爱上一个男人时，总想把最好的给他，于是很多姑娘，把自己当作礼物献给男人，以为这样就能让男人爱上自己。这种想法是错误的，感情和性并不一定成正比。一个只想和女人上床的男人，是不靠谱的，而许多女孩子，也应该珍惜自己，有时候反而因为你的付出，而被人轻视，一个人只有懂得自尊，才能让人尊重。

男人和女人的爱情，应该是双方都在彼此身上找到幸福的感觉，这种感觉是很想让自己常常能见到她，见到对方，很想亲近她，觉得这样很幸福，感觉自己拥有了整个世界。之后就是很自然地接吻，然后相依，最后彼此之间的距离越来越近，就会越来越想有进一步的发展，这是爱情的基本发展过程。

平时，我们常说男人是下半身思考的动物，为什么这么说？因为男人的脑袋一般是单线程，和性有关的程序通常都优先处理，所以女人给一个男人性，是因为爱，男人和女人做爱，有时候只是因为性。任何事情，不可能急于求成，急功近利，反而只能收获失败，包括爱情。

有个小狗和小猫的故事，形象地说明了什么是真正的爱。小狗对小猫说，你猜猜我手里有几颗糖，如果猜对了，我把手中的两颗糖都给你。小猫说，五颗糖。小狗把两颗糖都给了小猫。然后说，你猜对了，我先把两颗糖给你，欠你的三颗糖下次给你。

因为爱你，所以允许你贪婪；因为爱你，你的任何要求都不过分。相反，如果不爱，你再细小的要求，对方也觉得你要求太多，你再正常的拒绝，对方也会以你不爱为由，对你心生怨念。

爱，是彼此尊重，那些只想和你上床的男人，给不了你爱情，没有爱情的两个人，没有未来可言。也不要试图用性，去挽留一个男人，生命中总有些东西是注定不属于你的。如果强求，只能给自己添堵，也只能让别人更瞧不起你。

不经历渣男，又怎能去遇见真爱，生命中，总会有一个真心相爱的人在某个路口等你。不回头，朝前走，别让那个爱你的人等得太久。不能回首的往事，不能梳理的回忆，都让它随风而去，去遇见属于你的爱，如若遇见了，请好好珍惜。

4. 不肯为你花钱的男人，不是真爱你

那天，小关看到吕珲又给他自己买了一双两千多元的皮鞋，终于忍无可忍，向他提出了分手。吕珲看着愤怒的小关，说，我只不过是给自己买了双鞋，至于生这么大的气吗？

小关说，对，你今天只给自己买双鞋，明天只给自己买件衣服，后天只给自己买条裤子，可是你给我买过什么？

吕珲说，你不是自己有工作在挣钱吗？你挣的钱又没让我保管，为什么要我买，真是莫名其妙。当初我和你交往，就是看中你不是个爱慕虚荣、爱贪小便宜的姑娘，为什么现在你和其他女人一样，也变得这样势利。

小关大声说，对，我就是这样势利，我不爱慕虚荣，我不贪小便宜，但是并不代表我可以无视一个男人，只愿把钱花在自己身上，却不愿把钱花在口口声声说自己要爱一辈子的女人身上。金钱不能衡量感情，可是怎么用钱，如一面镜子，能照出一个男人的真实面目。

说做就做，小关整理了自己的东西，从和吕珲合租的房子里搬了出来。一时无处可去的她，找上了我，打算先来和我住几天。安顿好她带来的行李后，两人坐在客厅聊天。

她的气好像还没消完，愤愤地说，和他交往一年多了，除了带我去吃过几顿饭，从来没有给我买过什么。有时候去逛街，我想带他去女装店转转，他找各种借口不进店，开始我还觉得自己不对，以为和大家说的一样，男人不喜欢逛街，懂事的女人不该勉强男人做不喜欢的事。哪里知道，他自己买东西倒是勤快。有时我和他开玩笑，说他总是给自己买，他就拿当初刚认识时我说的话，来堵我的嘴。

我问她，你当初怎么和他说的？

她说，我和他认识时，他父亲刚生过病，家里没钱，他说有的姑娘要买房子，这事暂时肯定不可能。我说没事，我也不是爱钱的人，只要两人投缘，可以先租着住，其他以后可以慢慢来。这倒好，就因为这句话，他就像抓住我把柄一样，这男人，真无语。

她住在我家期间，吕珲曾给她打过电话，也来看过她一次。可是小关态度很坚定，她说，如果你没钱，我可以和你一起贫穷，但是你有钱却只顾自己花，不愿花在我身上，这说明你是个爱自己胜过一切的人，我不会和你在一起了。

一个肯为你花钱的男人不一定爱你，一个不肯为你花钱的男人，更不可能爱你。这种男人爱自己胜过爱一切，结婚前尚且如此，结婚后也好不到哪里去。感情和钱虽然不能混为一谈，可是在某种时候，钱和感情是可以画上等号的。爱你的人他怕给你的太少，不爱你的人怕你要求得太多。

当一个男人只有一百元钱时，给了你一百，他把百分之百给了你；一个男人有一万，他给了你一千，只给了你十分之一。虽然一千比一百多了很多，可是从占比例来说，还没有一百高。感情不能用钱衡量，而是看他愿意为你付出多少。

我有个表妹，从小有腿疾，结婚后，她丈夫带着表妹来到县城求生，他自己去拉黄包车，让表妹在家给他洗衣做饭。每天晚上收工后，他总是掏出身上全部的钱，除了放些零钱在口袋里明天用，其他钱都给表妹保管。

每个月，他总会抽出一两天，拉着表妹去街上，给她买点衣服，带她去找点好吃的。表妹对他说，自己反正在家，一天也见不了几个人，随便穿穿就行，省点钱，等以后有孩子时，还不知道得怎么花钱呢。

他却说，你父母把你养这么大，让你嫁给我，我给不了你豪车、美宅，最多只能给你买几件衣服，也不能天天带你吃好的，只能偶尔带你吃几顿。结婚前，有你父母姐妹对你好，现在，我不对你好，就没人对你好，所以，我必须尽我的能力，给你我能给得起的，尽量让你快乐。你每天穿得漂漂亮亮，我回家看见你开开心心，自己心情也好，这样才像一个家。

表妹很庆幸自己嫁了这个男人，虽然这个男人没有钱，还老实巴交，不会说一堆情话给她听，可是一辈子能遇见一个对自己实实在在好的人，需要前世修炼很多年才能遇见。看到他对自己好，表妹也心疼他，有时要给他买件衣服，他却总是说，他一个拉黄包车的，穿了好衣服还糟蹋，不要不要。表妹见他固执，没办法。

一天，我去看表妹，看到她正坐在走廊上，面前放了一条凳子，凳子上放着一本学织毛衣的书，她一边看书上的针法，一边学着织，我问她给谁织。

表妹说，他总给我买好吃的好穿的，自己却舍不得买件新衣服。前几天我对他说，我在家里闷，想学织毛衣，他听了，就带我去买了毛线和这本书。我打算给他织一件毛衣，马上要入冬了，他风里来雨里去，穿上手工织的毛衣，厚实，会暖和一些。

我和她打趣着说，看来你的小日子过得挺美满，阿姨打了几个电话让我过来看看你，怕你被人欺负，原来是空担心了。

她听了我的话，羞涩地一笑，说，他哪里会欺负我，待我好着呢。

看着脸色红润的表妹，比在出嫁前好像胖了一些，相信她说的都是真话，当着她的面，我向阿姨汇报了表妹的情况，电话那头沉默了会儿，我能感觉电话里的阿姨，好像放下了一块沉重的石头。

生活不论贫贱，有真情就好，中国有句古话：讲钱伤感情。其实爱情越是到了临近婚姻的终点，金钱这一字眼出现的频率就越频繁，对生活的影响也越大，金钱问题始终是感情生涯里绝对迈不过去的一道坎。

一个男性朋友曾经对我说，一个男人爱不爱你，可以从他愿不愿意给你花钱去看，真正爱你的男人，恨不得把自己的一切给你，只怕给你不够多。连钱都不愿意为你花的人，还谈什么爱你？

想想，真有道理。爱情并不是有钱人的专利，有钱人给喜欢的女人花钱，天经地义，没钱的男人，尽自己的能力把钱给你，他只希望你幸福，这份情更可贵。一个爱你的男人，不是要给你多少钱，而是凭自己的能力全给你，这就是真爱。

5. 花心的男人，惹不起

当添添发现阿刚在外面又与其他女人暧昧时，果断提出分手。阿刚说，你是个好姑娘，我是真心爱你，外面的那些女人，只是逢场作戏，你相信我，等我们结婚了，我就收心，专专心心对你一个人，好不好？

添添说，你昨天与小丽暧昧，前天与小红暧昧，在你不断暧昧时，有没有为我想过？你总说结婚后就收心，你连现在都做不好，鬼才会相信你对以后的保证。如果我现在相信了你，和你结婚，估计你明天二奶，后天小三，等到那时，难道我再去相信你对下辈子的承诺？别人说，一次不忠，百次不容，我已经一而再，再而三地相信了你，可是你给我的是一次次失望。你想用短暂的青春，来享受女人带给你的性爱，我的青春同样短暂，绝不会再浪费在等待渣男中。

说完，添添头也不回地走了。走出一段路，给我打电话，约我去老地方喝茶，等我过去，她已经坐在窗口的位置等着我，我一坐下，她就说，终于和他分手了，真是渣男。

我说，明知道是渣男，还不肯放手，这是自己给自己找罪受。

她叹口气说，发生在别人身上是故事，发生在自己身上是事故。道理谁都懂，只是轮到自己时，明明看得很清楚，却下不了决心离开，总以为这是最后一次，哪知一次比一次绝望。其实我自己也知道，一个男人有了固定女友后，还三番四次和别的女孩暧昧，就像狗改不了吃屎，这德行是改不了的。很多时候，放弃比坚持更难，坚持只是麻木的继续，放弃却是理智的选择。

添添和阿刚已经交往了几年，阿刚不但长得帅气，还是一个暖男类的，家里家务全包，每天早餐都给准备好，业余时间都很少出门，平时出差，总不忘带点小礼物回来，一些节日和纪念日，都会准备一份小礼品。这样的男人，是每个女孩向往的伴侣，看似什么都好的男人，却总是在外面拈花惹草。

其实添添是个挺有主见的女孩，在阿刚追她时，也有熟悉的朋友提醒过她，说阿刚以前交过几个女友，希望她能慎重了解。可是最终，添添还是被他无微不至的关怀击倒，虽然当时犹豫过，可是面对阿刚的温柔追击，最后终于被俘虏。

和阿刚正式交往半年后，无意中，添添看到阿刚在微信里，和一个女人的聊天话题很露骨，在她一再追问下，阿刚承认那是他的初恋情人，这次因为出差，路过他们生活的城市，主动和他联系，本来想和添添一起请她吃个饭，怕添添多想，就单独见了她。

为了表示自己的歉意，他给添添买了几件衣服，又带她出去玩了几天，外加对天对地的发誓，添添考虑到她是外地人，平时见面机会不多，就当是偶尔为之，也就原谅了他，只是警告他，希望以后不要再发生这样的事，好好珍惜彼此的感情。

日子，又回归到原来的平静，阿刚继续每天给添添烧饭、洗衣、做家务，下班回家后和周末，还是基本不出门，在这样温情的日子里，添添又把阿刚当成了好男人。直到有一天，添添接到一个姑娘的电话，那女人给了她一个地址，约她在那里见面。

犹豫再三，添添还是赶了过去，那个约她的姑娘，看上去年龄和她差不多，只是长得温婉可人。那姑娘见了添添，拉着她的手，哀求添添把阿刚让给她，说她爱阿刚，不能没有他。

望着面前的姑娘，气不打一处来的添添，立即打电话给阿刚，让他过来解释清楚，十几分钟后，阿刚站在了两个女人面前。姑娘一见阿刚，就拉着他的手，一次次说，你告诉她，你爱的是我，爱的是我。

望着那个一直哀求的女孩，添添无法恨她，想起琼瑶说过的一句话："为什么婚姻里出现小三，那不是小三的错，是男人的错。"是的，每个女孩都希望自己能够遇见真爱，希望自己喜欢的男子刚好也喜欢自己，在遇见后，能够相携到老。许多女人，面对第三者的出现，总觉得是对方抢了自己的爱人，谁都知道，苍蝇不叮无缝的蛋，只要男人摆正了态度，其他女人是没有办法插足的。

一个男人，如果结婚前无法全心全意对待一份感情，结婚后，也很少能善始善终对待一个女人。出轨会上瘾，一个感情泛滥的男人，你成不了他的唯一。失望透顶的添添决定放手，她疲惫地对阿刚说，你跟她走吧，我走。

说完，添添甩头便走，阿刚却从后面跟上来，抱住添添，请求添添的原谅，他说，我不是故意的，对不起。

添添冷漠地说，你为了满足自己的私欲，伤害我，也伤害别人，你不是故意的，你不是人；你是故意的，你就是畜生。

添添坚决选择了分手，她拿起杯子喝了一口茶，摇摇头苦笑着说，他会烧饭，会洗衣，会做家务，每天连早饭都给我买好，这样的男人，怎么看都是好男人，是女人一辈子要找的伴侣，可是这样的男人，却花心，人无完人啊。

科学家和心理学家都反复证明过：男性有着较强的性审美欲，容易为美丽的事物蠢蠢欲动。所以，好色几乎是所有男人的通病，但是最重要的一点是，在美丽的事物面前，好男人懂得节制自己，花心男人却成了没有进化好的群体，他们在追求快乐时失去了理智。

花心男在向女人献殷勤时，并不是因为爱，常常是因为好奇，想尝试不同的女人，这类人很会讨好女人，时常会给女人送点小礼物。另外，他们也相当聪明，不管从哪个女人的温柔乡里出来，在回家的时候，都不会忘记给自己的女友带点礼物，常常让她们以为自己得到了真爱。

每个人都有寻求快乐的权利，可是这些人寻找快乐的方向是错误的，他们改变不了自己，给不了女人专一的爱情。爱是自私的，没人愿意和人分享，这样的男人，不管他说多少次，愿意爱你一辈子，都不要相信，就像放屁一样，放过就没事。

如果遇见这样的男人，请绕道而行；不幸上了贼船，请学会放弃。江山易改，本性难移，不要相信自己有改变别人的能力，如果可以，努力培养自己选择的智慧，不为自己的错误埋单，让我们短暂的青春，为未来的幸福铺路。

6. 只说情话不做实事的男人，不要也罢

　　有人曾经给林音介绍过一个男生。像林音说的，那男人的嘴就像抹过蜜似的，不管人前人后，净捡好话，把你夸得雨里雾里，简直让人找不到北，结果却雷声大，雨点小，除了嘴动，什么都不动。

　　她说的这个男人我见过一次，那时林音和他刚开始交往。我和林音是很铁的闺蜜，遇到想要交往的男生，都会事先帮着彼此观察一下。那天，林音叫我去她家吃饭，让我见见那个叫一村的男生。

　　我去时，林音在厨房已经忙得差不多了，一村坐在客厅里看电视，我趁着进去的几秒钟，把那男人打量了一番，从外貌看，那人长得挺不赖，白白净净的脸，穿得也清清爽爽，初一看，是那种挺招人喜欢的男生。

　　等我到了，就打算开餐了。我帮着把碗筷拿出来，这时一村已经坐在餐桌前，正打开一瓶红酒。我和林音已经熟得不能再熟，即使隔着一个陌生人，两人还是无所顾忌。

　　那一村，倒像主人一样帮着招呼，他指着林音做的红烧肉，说，来，朋友，吃一块，我家林音做的，看这刀工、颜色、口味，没一样不好，纯正的林氏牌红烧肉。

说完，拿起公共筷，给我和林音各夹了一块。然后又指着清蒸鱼说，来，来，吃鱼，吃鱼，这鱼做得好，鱼形完整，鱼肉软嫩，鲜香味美，汤清味醇，真是一流的厨艺啊。

那天，那男生不但把林音的每一道菜都夸了个遍，夸完菜，又开始夸起人来。他说，现在一般的女孩子都不会做家务，更不会下厨，像林音这样的好姑娘，真是极少了。既不娇气，又这么能干，工作又好，这样的女孩，打着灯笼都难找。我福气好，这样的好姑娘被我遇见了，林音，只要你和我在一起，我保证一辈子对你好。

我听得浑身都是鸡皮疙瘩，真不知道一个男生可以这么多话。我和林音是多年的朋友，彼此的优缺点都一清二楚，他说的话，有的纯粹是睁着眼睛说瞎话。我那天没吃饱就直接走人了，因为耳朵里真装不下那么多垃圾。

过了些日子，我和林音在一起散步，我问起她和一村的事，她缩起脖子，做出打战状，说，不要再提那个人了，一说他，全身汗毛都竖起来了。

我笑着说，为什么，怎么犯着你了？

她说，从没见过这么会说的男人，每次去买菜，他就在旁边说什么好吃，什么营养好，却不掏一次钱。有时一起去逛街，指着几款服装说适合我，等我试穿了，却没说一件适合。他说我卫生搞得干净，说我菜烧得好吃，说我是个能干的女人，他没有一分钟说我不好，可是没有一分钟为我做事。我第一次发现，能把光说不做的假把式操练得这么顺滑的男人，也算是世上少见的奇葩男了。

记得有这样一则寓言故事，故事说一户人家养了两只母鸡，一只只下蛋不会叫，一只不下蛋只会叫，那只会叫的母鸡总是在另一只母鸡下蛋后，叫个不停，主人听见了，以为那蛋是会叫的母鸡下的，把另一只母鸡杀了。等杀了那只会下蛋的母鸡后，发现再也没有了鸡蛋，才知道错杀了那只鸡。

这些光说不做的人，或许能迷惑人一时，时间一久，本性就暴露无遗，和这样的人生活在一起，只能累了自己，这样的男人挺多，我的朋友阿含的老公就是这样的人。

阿含是服装厂里的平车工，不但工作辛苦还常常要加班。她老公在一家小区的物业公司当保安，有人说保安是懒汉活，工资低，活儿轻松，只是打发时间。阿含每天下班一回到家，总是忙着烧饭做家务，许多次自己回家时，老公已坐在客厅里看电视，她让他帮着做点，他就说，好好好，我一会儿就来，你本来上班就挺辛苦，回家还干这干那，确实辛苦。你衣服放着别洗，我看会儿电视就去洗。

结果，等阿含做好饭可以吃了，他还坐在电视前。阿含生气吼他几句，他就说，你不要瞧不起我，谁知道好运就一定不会砸中我呢，有一天等我发财了，我给你请个保姆，让你享享阔太太的清福。

说得好听，却从不动手。有一次，阿含感冒了，没去上班，让他去帮自己买点药，他连连说，好的，你躺着，我马上去给你买。结果等阿含一觉睡醒，他还在玩手机。

平时，看见电视上一些女人穿着漂亮的衣服，他对阿含说，等我有钱了，我给你买一打这样的衣服，让你天天穿新的，自己的媳妇自己疼，羡慕死别人。

听得多了，阿含也反唇相讥，说，我没有这个命，不指望你雇保姆，也不指望你给我买新衣服，每天你只要帮我做点家务活，我就满意了。

他会不知廉耻地接过话题说，哪里，哪里，你跟了我一辈子，我一定会让你过上好日子，等下我就先出去给你买几件新衣服，省得你老是说我只说不做。

不管他怎么说得好听，还是没给阿含买过一件衣服，继续只说不做。有一天，两人在街上，遇到一对朋友夫妻，那天刚好是朋友妻子生日，他朋友给妻子买了一条项链，作为生日礼物。阿含的丈夫看见了，连忙说，你们是在哪里买的，等阿含生日，我也买一条送她。

阿含听了翻翻白眼说，我是不想，等你送我，除非太阳从西边出来。

她老公当着朋友的面，指手画脚，对天发誓说，过几天，我一定带你去买，你是我最爱的人，我一定要把最好的送给你。

等阿含生日来临时，阿含问他，我的生日礼物呢？她老公又笑着保证，说再过几天，一定去买。

这些只说不做的男人，就像那只只会叫不会下蛋的鸡，男人们说得最多的谎言，大致是这三句：一是我做的一切都是为了你；二是我一辈子都会对你好；三是你不用工作，我来养家。

那些擅长花言巧语的男人，就像雷声大雨点小，没有实际行动，只会敷衍了事。这种给你画饼充饥的男人，不管做了多少惊天动地的保证，也不会有实际行动。说得好不如做得好，只有行动最可贵，姑娘们一定要擦亮眼睛，找一个好男人是一辈子的幸福，如果只能给你嘴上幸福的男人，请趁早离开，生活是实实在在的柴米油盐，这样的男人，给不了你想要的幸福。

爱，需要大声说出来；但是爱，更需要用行动做出来。说一万句我爱你，不如给你做一顿早餐。耳朵听到的不如眼睛看见的，眼睛看见的不如用心体味的，多长个心眼，识别渣男，找到真爱，才能让幸福的花儿，开满未来的人生。

7. 任何错误都有借口的男人，只会累了自己

蒙蒙下班回家时，看到平时没她下班早的男友，已经在厨房里忙着晚餐了，蒙蒙问他，为什么你今天这么早回家了，不会又是？

男友低着头，唯唯诺诺不肯说，蒙蒙试探着问，是不是又失业了？

男友还是不说话，只顾低头切菜。见他如此，蒙蒙就知道故技重演了，真是气不打一处来，大声说，你就是把头钻到地里都没用，到底什么原因，为什么你在每个单位，只能待过一年半载，你已经不是孩子了，始终孩子气，社会不是你家，不是你想怎样便怎样，你能不能像个男人，给人一点儿安全感。

男友听了蒙蒙的呵斥，抬起头看着她，声音也大了。他说，领导说我图纸上的数据错了，我反复验算后，又与其他同事核对，发现我的数据是对的。他干吗说我不对，就因为他是领导，可以乱说话吗？

蒙蒙说，然后你又为这事，去和领导据理力争了，是吗？你上次从另一家单位辞职出来，也是同样的事，我相信你的话，是领导错怪你了，可是错怪就错怪了吧，你较什么劲，是人都要出错，领导也是人，他看错一下不是很正常吗？

男友说，他错了就该道歉，怎么能像没事人一样，这就是不应该。

听他这样说，蒙蒙只能耐心地说，你不在原单位待下去，和谁都没有关系，一个萝卜一个坑，你走了马上就有人替补进来。可是你呢，又得努力找工作，找工作的过程，空档期长短先不说，等你找到了工作，还要试用期，这都是浪费时间啊。官大压死人，这道理难道你不懂吗？如果你错了，就该让别人说；如果你没错，那就是别人错。对是对，错是错，事实就在那里，你和领导去争论，即使你赢了理，其他还是得你输。

男友听了蒙蒙的话，赌气道，错了就是错了，错了怎么都不对，为什么社会会变成这样，就是因为像你这样搞糊糊的人多了，才失去是非公平。我也不打算再去打工了，我家学校边的那间出租的店铺即将到期，我打算收回来自己开店。

蒙蒙说，开店，你能开什么店？

他说，店铺在学校边，人流量大，有固定客源，我打算开家面点，面便宜，放点佐料，两三元一碗的成本，随便都能卖上十来元，怎么说都能赚上一笔。

蒙蒙说，你从来没做过这方面的生意，不要莽撞，真要开，也得观察一段时间再说。

他说，旁边的店生意都挺好，何况我开店铺是自家的，至少房租这块成本省了，比起那些租房的店家，风险明显降低，有这先机都不干的话，一辈子都不要做事了。

蒙蒙还想劝劝他，让他暂缓几天，等自己了解一下情况后再做决定，可是她男友一等到店铺到期，就着手开始装修。

蒙蒙看劝阻不了这个男人，只能退其次和他商量，如果你一定要开，可以，人家装修得挺好，你不要先装修，先接着做生意，这店在学校边，主要顾客是学生，学生有假期，等假期再装修，这样不耽误做生意的时间。

男友听了她的话，振振有词地说，既然想创业，就要好好干，没有好的开始，怎么有好的结果呢？我把店装修得符合自己的心意，做生意时心情就好，心情好，才能招来好生意。

听他口气，蒙蒙知道，九头牛都拉不回了，只能让他折腾。一个月后，面店装修完毕，看着装修一新的店铺，男友雄心勃勃，觉得只要自己一开张，就能生意兴隆，财源滚滚。

想象是丰满的，现实是骨感的。开张后，就没有迎来男友想象中的盛况，几天过去，雄心勃勃的男友，就像泄了气的皮球，看着垂头耷脑的男友，蒙蒙想着既然店已经开了，好歹也得经营一段时间再说，就想办法开导他，对他说，开店最重要的是守店，万事开头难，前期困难肯定有的，等有了口碑后，生意会慢慢打开，急是没用，少安勿躁。

三个月后，生意还是没有好转，经过这段时间细心观察，蒙蒙发现了生意不好的原因，虽然店铺在学校旁边，人流量非常大，可是这是一所初中，现在的初中生学习都很紧张，每天晚上作业都做得很迟，普遍来说，这个群体睡眠时间都是不够的，对他们来说，每天早上，能多睡一分钟都是奢侈。

每个学生都要吃早饭是事实，在一大群固定的客流量中，要让这些客流量成为自己的固定客户，就是经营之道。蒙蒙男友开的是面点，他疏忽了一个最重要的环节：放面的过程，需要几分钟；吃面必须要在店里，不能像包子一类可以边吃边走；吃时烫，吃不快，这个过程又很耗时。算下来,吃碗面差不多要半个小时,对学生来说,早晨的半个小时，是非常宝贵的，不可能浪费在吃早餐上。

蒙蒙得出结论，在学校边，针对这个特定群体，这里只适合开那些快捷、方便、随到随买、能边走边吃的早餐。所以，他们开始的选择就是错误了，再加上学生中餐都是学校统一分配，放学后，大家又忙着匆匆赶回家，一天下来，他店里就没几个客人。

听完蒙蒙分析，男友冲着她大吼，你这马后炮，为什么当初不说，等现在说有用吗？

蒙蒙辩解，我当初就一再对你说，希望你慎重考虑，你却什么都不听，只顾自己一头朝前冲，现在却埋怨起我来了。

两人说着说着就吵了起来，男友负气地说，反正这店铺是自己的，就当没租出去，不干了。说不干就不干，就这样，才几个月，那店就关门了。

生活中，一些年轻的妈妈，当看到孩子从凳子上摔下来，痛得"哇哇"大哭时，都会在凳子上拍几下，然后对孩子说，别哭了，妈妈已经把欺负你的凳子打了一顿。孩子听了，果然不哭了。其实这种哄孩子的方法是错误的，凳子并没有错，错的是孩子自己没坐稳，大人却把责任推给凳子，这样的教育方法，就是误导孩子，把责任推给别人，没让孩子负起应有的责任，这样做，很容易让长大后的孩子，为自己的错误找借口。

作为一个成年男人，该有独立做事的能力，当不利的事情发生时，要从寻找自身原因出发，找出错误，分析原因，有则改之无则加勉。许多人一旦事情不成功，就会给自己找来一大堆理由：比如工作失败说领导的不是，投资失败说遇见了骗子，交际失败说交错了朋友等等。再怎么抱怨，也无法提高自身。这种人，一百次失败都会有一百个理由，失败再多，都得不到有用的经验。

这样的男人一生很难有抱负，为错误不断找借口的人，在生活中也不敢承担责任，撑不起一片天。如果遇见了，还是趁早闪人，别浪费了大把青春，去收获一个人的抱怨，给自己徒增烦恼而已。

8. 若即若离的男人，小心自己是备胎

小草约我一起吃饭，她在电话里说，我男友天天很忙，都没时间陪我吃饭，一个人吃饭实在没劲，我俩一起吃吧。

我刚好在那边办事，见有人约饭，就爽快地答应了。两人边吃边聊，她说，也不知道他单位搞什么鬼，老是让他加班，我对他说，你再忙下去，可是要连女朋友都没了。

我说，你男友真有这么忙吗？照理来说，一对热恋中的男女，再忙总会有时间在一起，我好像常听到你在抱怨，只有一个人。

她说，是啊，你说得有道理，不过他干吗要骗我呢？

我说，男人如果爱女人，即使不顺道，都会说顺路，即使再忙，都会有时间陪你吃饭；男人如果不爱女人，即使躺在床上做白日梦，他都会说没时间。

小草瞪着眼睛问我，你什么意思啊？

我说，我没有意思，这是事实，恋人间的关系，自己最清楚。当一个人开始在心底问，他到底爱不爱我时，这爱情十有八九出现了问题，真正爱你的人，哪怕缝里插针，都会抽出时间来见你，一个忙得见恋人的时间都安排不出的男人，实在不敢让人信赖。

真的？我本来就心里忐忑不安，听你这样一说，好像疑点很多。近来他也很少找我聊天，我找他聊，他就回几句，然后叫我乖，叫我听话，说他很忙，要理解他。过几天，他会主动约我一下，和我吃个饭，或者看场电影，遇到节假日，也会给我送点小礼物，可是他确实没有表露出那种急切的爱情来。小草听了我的话，顿时忧心忡忡。

我说，你自己平时多留意一下吧，也不要说风便是雨，你唯一需要验证的是，他是不是确实在为工作而忙，细节很重要，你多留意一下细节，就能暴露出不少的问题。

许多时候，当一个人开始怀疑另一个人时，并不是另一个人做了可疑的事，往往是这个人自己做着让人不信任的事。就像一个说谎的人，他会认为全天下的人都是撒谎人，而那个不撒谎的人，却从来不会去怀疑别人，这道理很简单，因为每个人都习惯以自己的行为标准去衡量别人。就像小草，因为自己对男友一心一意，所以从来都没有去怀疑过男友。

无巧不成书，我们刚刚还在聊她男友，在我侧头一瞥的时候，看到玻璃窗外，小草的男友竟然正和一个女孩，微笑着从对面走过来，也走进了这家店。小草也看见了，站起来，想过去和男友打招呼，我压低声音说，注意，不要重色轻友，我在你对面呢。

小草说，我问问他去，为什么刚刚说没时间陪我吃饭，现在却来这里了。

我说，能不能不这样笨，做事用点脑子，用微信和他聊，看他怎么说。

我们坐在窗边墙角的位置，在玻璃窗上刚好能清清楚楚地看到他俩，我注视着他的一举一动。小草听我一说，连忙坐到位置上，点开微信问他，亲爱的，我和朋友在吃饭了，你吃了吗？

我看到他拿起手机看了看，又把手机放到桌上，继续和那女孩说说笑笑，愉快地用餐。

小草的脸色马上变了，我按了按她的手，让她少安毋躁，她铁青着脸，盯着手机，等着他的回言。很可惜，过了很久，小草的手机才响起来了，她看到他回的消息，我在加班，马上去吃，你自己多保重，不聊，忙。

收到这条短信时，他们已经吃完，从位置上站了起来，走了出去。小草把短信递给我看，我说，别难过，他没有伤害你，只不过很不幸，你做了一回别人的备胎。

小草重新审视了一下自己的这段感情，想起来了，她和男友以前就熟悉，真正熟络起来的那段时间，是他和女友闹别扭的时候，那段时间，他常常找她聊天，约她一起吃饭，看电影，也给小草买些小礼物。

因为小草本来对他有好感，当他告诉她和女友分手的消息，问她愿不愿意做他女朋友时，她没有犹豫就答应了。只是她现在想起来，他从来没有说过那些海誓山盟的话语，送给她的礼物，也只是一些小礼物，从没有送过值钱的东西。

她总感觉两人间有着不可逾越的鸿沟，以为是两人交往时间不够，现在才明白，原来他一直对自己保持着距离，若即若离，只是在需要她时，可以名正言顺地出现在她面前。

我说，他和你交往时，因为他和女友关系不好，需要找个人寄托感情，你刚好在他身边，不知不觉成了他寂寞时的安慰。现在他和他女友关系恢复了，你就只能靠边站。其实，从他对你爱理不理的态度中，你早该感觉出他对你的感情。一个人爱你，就像咳嗽一样，是藏不住的。爱一个人，他心里眼里全是你，见到你就两眼放光，那种快乐和幸福，会不由自主地写在脸上，每个人都一眼能看到。他其实是个挺有心机的人，像他刚刚明明已经看到了你的信息，可是到现在才回，就是为了证明自己忙而做掩饰。

小兵想要成为大帅，就像蚂蚁登上山顶；备胎想要转正，就像隔着万水千山。有些日子特别热情，说明那几天他感情受挫，跑你这来求安慰。一个不肯主动联系你的男人，还常用忙来敷衍你，只是偶尔用几句关心你的话来问候你，这样的男人，十有八九只是把你当备胎，他只是暂时不想失去你，因为在某个时刻，你还有利用价值。

如果你不是一个人心中的最爱，你再怎么对他，他也无法用同样的热情回报你，备胎的作用，就是在于能让正胎发生意外时把旅途继续下去，"有备无患"是备胎族们对备胎作用的界定。这种男人，明知道和你不可能，却不拒绝你，明知道和你没有未来，却给你希望，让你觉得他喜欢你，而事实上是你只起到备胎的作用，给他寂寞的时候解解闷。

有人说："有了备胎，会让人变得不负责任，因为即便失去一个，自己还有退路。"这些自私不负责任的人，总怕自己有一天会寂寞、受伤，却没想到，自己的这些行为正在伤害别人。这些人对感情不负责任，对生活也同样不负责任，不知道竭尽全力去拼搏，始终为自己做好退路。

备胎也说明了人与人之间的信用危机，是对自己的不信任和对对方的不信任，表面上看是万无一失，其实是暗流涌动，自己不全心全意付出，哪能获得全心全意的回报？

一个真正爱你的男人，会在你需要的时候马上出现，只要你一声"你来"，他再忙都会放下，因为没有任何事比你更重要，只有这样的爱情，才会给你充足的安全感，才会给你满满的幸福感，做自己，做唯一，不要心甘情愿挂在人家屁股后面，卑微地等着自己转正的那一天。

每个人都是独一无二的，每个人都要努力活成独一无二，想要拥有独一无二的幸福，骄傲的你，要勇敢地说，我不做备胎，我是你永远舍不得更换的正胎。

9. 占有欲很强的男人，当心踩地雷

　　我那天有事要找亦玫，拨了她号码后，对方语音提示"您拨打的号码已关机"时，意识到她可能又换号码了，只好掐准她下班时间，赶去她家。到她家时，她正坐着看电视，我叫她，她眼神迷茫地站起来，看她的神色很是忧郁，面前的她，怎么也无法让人想起那个曾经活泼开朗的她，我问她，你脸色不好，生病了吗？

　　她摇摇头说，没有，只是吃不好，睡不好，感觉很压抑。

　　怎么会这样，看医生了没，知道什么原因吗？她皱皱眉，没有回答，我只能换了话题说，你以前的手机号码打不通了，又换电话号码了？

　　亦玫说，是的，他帮我换的，自从和他交往后，这已是第五次给我换号码了。

　　我说，为什么这么频繁地换？

　　说到这，亦玫的眉毛皱得更深了，神色更忧郁了，她痛苦地说，他老是不放心我，只要我偶尔与一个男性说一句话，他就觉得我和这个人有关系，马上给我换电话号码，哪怕只是一个路人问了下路。

我说，你这样频繁地换电话号码，如果有事找你很不方便，不要说熟人联系不上你，就是在单位里，同事找你也麻烦，这样会影响工作的。

她说，是啊，我说如果朋友、单位同事找我有事怎么办？他说，真正有事的朋友会找上门来，单位同事的话，你反正天天在上班，换了号码就及时更改一下。他倒像没事人一样，可是我现在每换一次号码，都要去人事部说一下，现在单位的人都在窃窃议论这件事，好像我做了见不得人的事，才频繁换号码，在单位我都感觉抬不起头了。岸秋，我很痛苦，我不知道该怎么办？

我很同情她，愤愤不平地说，他怎么可以这样，恋爱应该是件愉快的事，两个相爱的人在一起，心心相印，原本多么美好，你现在这样子，哪里还有快乐可言？

她说，是啊，我知道这不是我要的生活，人家说恋爱是天堂，婚姻是坟墓，我这还没结婚呢，不知道结婚后，还会怎样，想想都恐惧。

我小心翼翼地说，想到过和他分手吗？

她说，想到过，很多次，有时候特别想做这件事，可是他家条件好，父母都不同意我和他分手，说他是因为爱我才这样，还说，一个女孩子，有了男友，就该安安稳稳在家，尽量少和外界接触，更不能和异性接触，如果和异性接触，哪个男友会放心？可是你说，谁生活中没有一两个说得来的异性朋友，现在社会，一个人又怎么可能不和异性打交道，主要是自己把握这个度。为了所谓的爱情，如果要牺牲这么多，这爱情分明不是用来享受的，而是受罪。

一般的人，对爱情占有欲的表现，往往只是介意伴侣和异性有着较深的接触，如果一般交往都要干涉，那爱情就失去了真实的含义。爱是如果你爱上别人，我会放手成全，因为我只想看到你幸福；占有欲是你就是我的，是我的一件私人用品，除了我，任何人都别想碰她。

一个让你感觉痛苦的男人，不可能是真心爱你，爱情原本是一件美妙的事，如果美好的事变成了折磨，它就是一个男人自私的表现。人追求什么，就是缺什么，越想要什么，就越怕失去什么，占有欲强的人，行动上会表现出想要把对方牢牢抓住的举止，却忘了，爱情犹如沙子，抓得越紧，流失得越快。

我的朋友凌子，也曾有过这样一个男友，男友对凌子什么都好，家务全包，工资全交，他们很相爱，唯一的缺点就是把她看管得很牢，最后接近变态的地步。

她出门，男友说她去见男友，她不出门，男友说她见了男友后心里愧疚，所以在家；有时候她拿着手机聊天，他生气，说她不知廉耻，只知道勾引男人；如果不用手机聊天，他也同样生气，说为了刻意隐瞒他，才故意不在他面前聊天；如果有事刚好拿出手机看一下，就说是在等情人的电话，如果手机放包里长久不拿，就说是怕他看到什么秘密，故意不看手机；有时有短信来，看到是垃圾短信，就说她把男人发的短信已经删掉了。

一句话，不管她怎么做，在他眼里，凌子随时都是出轨的人，这好比一个人，看到周围人身上都长满了刺，只是他不知道，是因为自己眼睛里长了刺。凌子的男友害怕凌子出轨，所以把她所有合理的行为，看成了出轨的前兆，不管她怎么做，都于事无补，一个人的心理暗示作用是很巨大的。

凌子说，只要我和外界一有联系，他更是紧张之极，一件很正常的事，在他眼里就歪了。只要随便和一个异性打一下招呼，他就认定我是在和别人打暗号，传递约会信息。生活让人窒息，就像一根绳子，时刻把我紧紧束缚，逼得自己喘不过气来。虽然我很爱他，可是还是选择和他分手，如果这份爱给不了我想要的幸福，我还不如放手，与其有可能反目成仇，不如留着最后一点儿念想。

占有欲是人与动物的天性，就像动物撒尿占地盘一样。一对相爱的男女，都希望彼此心里只有自己，这样的想法并没有错，如果升级到连平时的生活行为都受到了限制，这样就不可取了，过犹不及，只能物极必反。

有个生存法则，是很多人都熟悉的刺猬定律：冬天来了，天气渐渐变冷，两只在一起的刺猬想相互取暖，于是挤到一处，可是各自身上的刺，刺得对方很不舒服，所以只能分开。分开后，寒冷又迫使它们靠近，几经折腾，最后，它们找到一个合适的距离，既不会刺痛对方，又能相互取暖。

两个相爱的人，也应该找到一个合适的距离，不让对方觉得过分约束，也不会让对方误认为自己不在乎，任何人之间都有最佳距离，这个距离只能在平常的磨合中得到，如果掌握不好，就会矛盾重重。

爱，可以深爱，但是爱到极致，不能变态。不然，当你扼住了爱人的喉咙，使她无法呼吸时，她就只能弃你而去，去寻找她想要的幸福。

10. 已婚男人，再好也要放手

　　春节放假了，喜欢看书的小规，打算趁这几天休息，好好看几本书。放假第一天，她就在县城图书馆的阅览室，找了个临窗的位置，看起书来。

　　窗外有棵很大的玉兰树，看累时，小规就抬眼看看窗外那棵还没开花的树，每到春天，树上总是开满又大又白的玉兰花。当她再次朝窗外看去时，见到一个男人，正朝这边走过来，刚好也抬头望向这边，看到小规，对她露出一个温暖的笑。

　　没多久，窗外那个叫阿六的男人，也借了一本书来到阅览室，走到小规面前，指着她对面的位置说，你好，我可以坐在这里吗？

　　看着这个长相并不讨厌的男人，小规笑着说，当然可以，这是公共场所。

　　阿六在小规对面坐下来，小规瞄了一眼他的书，看到是美国作家亨利·戴维·梭罗所著的著名散文集《瓦尔登湖》。他看到小规在注意他，又对她笑笑，露出洁白的牙齿。微笑，是交际最有力的武器，无声中就拉近了两人的距离。

整个春节，两人像约好了一样，每天上午，都早早地来到阅览室，各自坐在同一个位置上。看累了，就走到图书馆外的玻璃长廊上，找条凳子坐下来聊天，从落叶聊到天气，从一只蚂蚁聊到一朵云，话题轻松自然。

听说，所有的遇见都是久别重逢。几天下来，他们之间的陌生感已经消失，就像久违的老朋友，除了没完没了的话题，就是荡漾在小规心中的暖暖春意。快乐的时光总是转眼即逝，短暂的春节就这样过去了，上班后的小规，发现自己心中，多了一份甜蜜的秘密。

快乐是藏不住的，同事们都发现春节后的小规变了，整个人精神焕发，眉间眼里全是隐藏不住的喜悦，大家都知道小规恋爱了，小规也相信，自己终于遇到了生命中那个要等待的人。

周末，两人还是会去图书馆；下班后，有时会一起去吃个饭；偶尔，阿六也会带着小规去游玩。所有恋爱中的女人都是快乐的，小规也像一只快乐的小鸟，在甜蜜而又祥和的日子里，梦想着未来有个温暖的小巢。

交往半年后，有一次，小规去医院看望一个朋友，远远地，她看到阿六的背影，想跑过去叫他，这时，她看到阿六旁边一个抱着孩子的女人，正把孩子交到阿六手上。

直觉告诉她，这是阿六的妻子和孩子，可是她不相信，和自己交往了半年的阿六，会是一个结过婚的男人。她躲到墙角，拿出手机，拨打了阿六的电话，看到阿六拿出手机，按了拒绝键，给她回了个短信：亲爱的，我正在开会，等下给你回电。

到了中午，阿六打来电话约小规一起吃饭，吃饭时，阿六说，不好意思，你上午来电时，我正在开会。

小规没说，只是用筷子，不断地搅拌着碗里的米饭，阿六低声问，怎么，生气了？

小规抬起头，看着他的眼睛说，我上午在医院看到你了，带着你的妻子和孩子。

阿六望着她，怔怔地说不出话来。小规说，你有家室，却瞒着我，在这半年里，你温柔待我，让我爱上你，我毫不设防，却得到这个骗局。

故作坚强的小规，还是忍不住流下了泪，当爱情收获欺骗时，那痛刻骨铭心。小规说完，站起来，转过身，跑向门口。阿六追上去，把她拉到一个无人的角落，想要拥抱她，小规坚决地拒绝了。

阿六说，小规，我是真的喜欢你，在窗外看到你的第一眼，就喜欢上了你，你干净纯洁，就像一朵春天的玉兰花。我不是要骗你，也不是故意爱上你，只是情不自禁。

小规蹲下身，把头放到膝盖上，用手紧紧抱住，肩头不住颤抖。阿六说，小规，给我时间，好吗？

小规说，给你时间，你去伤害另一个女人，还是继续伤害我？即使再喜欢，我也不会做第三者，如果为了我，你选择和另一个女人离婚，有一天，你也会用同样的方法和我离婚；如果你让我继续这样下去，告诉你，我不会和一个已婚男人纠缠不清。作为女人，我有做人的底线，也有做人的尊严，你隐瞒事实，骗取我的感情，你能说这是爱吗？你走吧，如果爱我，请不要再联系我，不打扰，是你对我最后的温柔。

因为喜欢，一个人把一朵花采回家，养在花瓶里，花瓶里的花慢慢枯萎了：因为爱，一个人学会了呵护，为了让这朵花开得更娇艳，他给它浇水、施肥，想尽办法，只为了让它活得更好。

张小娴说，在对的时间，遇见对的人，是一种幸福；在对的时间，遇见错的人，是一种悲伤；在错的时间，遇见对的人，是一声叹息；在错的时间，遇见错的人，是一种无奈。

任何事物都有自己的规则，遵守它，对人对己都是好的，违背了，只会埋葬自己！不管有多爱，都要做到理智，特别是女人，千万不能失去自我，否则只能是悲剧，男人是不会喜欢没有自我的女人的。其实爱情和做人都一样，需要两个字支撑——真实！一句话，在感情面前，女人千万别自己骗自己，如果任由自己做第三者，这样的感情肯定不会有结果；即使有结果，也不会是你想要的结果。